中 等 职 业 教 育
建筑工程施工专业系列教材

ZHONGDENG ZHIYE JIAOYU
JIANZHU GONGCHENG SHIGONG ZHUANYE
XILIE JIAOCAI

建筑工程计量与计价
一体化教学工作页

JIANZHU GONGCHENG JILIANG YU JIJIA
YITIHUA JIAOXUE GONGZUOYE

主　编■林　妍　庞　玲
副主编■伍　艺　岳现瑞

U0379470

重庆大学出版社

内容提要

本书以土建类专业的人才培养目标为依据,以建筑工程计量与计价工作过程为主线,以造价员工程造价管理职业综合能力培养为重点,以工程项目的工作内容为载体,以问题引入的方式,引导学生通过手算,用工程量清单计价方法编制完成一套一般土建工程的计价文件,让学生能将专业基础理论知识与实践应用紧密结合起来,提高分析和解决建筑工程计量与计价实际问题的综合能力。

本书可供中等职业教育工程造价、工程管理、建筑工程施工专业学生作为教材使用,也可供行业技术人员作为自学材料。

图书在版编目(CIP)数据

建筑工程计量与计价一体化教学工作页 / 林妍,庞玲主编. -- 重庆:重庆大学出版社,2021.7
中等职业教育建筑工程施工专业系列教材
ISBN 978-7-5689-2724-6

Ⅰ. ①建… Ⅱ. ①林… ②庞… Ⅲ. ①建筑工程—计量—中等专业学校—教材②建筑造价—中等专业学校—教材 Ⅳ. ①TU723.3

中国版本图书馆 CIP 数据核字(2021)第 116420 号

中等职业教育建筑工程施工专业系列教材
建筑工程计量与计价一体化教学工作页
主 编 林 妍 庞 玲
副主编 伍 艺 岳现瑞
责任编辑:范春青 版式设计:范春青
责任校对:谢 芳 责任印制:赵 晟

*

重庆大学出版社出版发行
出版人:饶帮华
社址:重庆市沙坪坝区大学城西路 21 号
邮编:401331
电话:(023)88617190 88617185(中小学)
传真:(023)88617186 88617166
网址:http://www.cqup.com.cn
邮箱:fxk@cqup.com.cn(营销中心)
全国新华书店经销
重庆长虹印务有限公司印刷

*

开本:787mm×1092mm 1/16 印张:9.5 字数:233千
2021 年 7 月第 1 版 2021 年 7 月第 1 次印刷
ISBN 978-7-5689-2724-6 定价:28.00 元

前　言

本书以国家现行的技术标准、规范以及土建类专业的人才培养目标为依据，采用 2013 年颁布的《建设工程工程量清单计价规范》(GB 50500—2013)、《房屋建筑与装饰工程工程量计算规范》(GB 50854—2013)、《建筑工程建筑面积计算规范》(GB/T 50353—2013)，以及《广西壮族自治区建筑装饰装修工程消耗量定额》(2013 版)与其他相关计价文件进行编写。

本书以建筑工程计价工作过程为主线，以造价员工程造价管理职业综合能力培养为重点，以工程项目的工作内容为载体，用问题引入的方式，引导学生通过手算，用工程量清单计价方法编制完成一套一般土建工程的计价文件，让学生能将专业基础理论知识与实践应用紧密结合起来，提高分析、解决建筑工程计量与计价实际问题的综合能力，以满足中等职业院校工程造价专业、工程管理专业培养学生工程造价职业能力的需要。

本书由广西城市建设学校组织编写，由林妍、庞玲担任主编，伍艺、岳现瑞担任副主编。具体编写分工如下：第一章、第三章、第六章至第九章由林妍编写；第二章、第十三章和第十四章由庞玲编写；第四章、第十一章和第十二章由伍艺编写；第五章和第十章由岳现瑞编写；全书由林妍统稿。

本书需配合庞玲主编的《建筑工程计量与计价实务》教材使用。

由于编者水平有限，时间仓促，书中难免存在疏漏之处，敬请批评指正。

编　者

2021 年 3 月

目 录

1

第一章　建筑工程造价基本知识

【实训项目、要求与评价】

实训项目与要求	
实训项目	实训要求
实训项目一　基础理论	掌握基本建设含义、基本建设项目的划分、基本建设程序； 掌握建筑产品及生产的技术经济特点、工程概预算的分类及作用； 掌握工程造价的含义、特点和作用
实训项目二　项目分解	了解分部分项工程的分类,掌握实际工程进行项目分解的方法
项目重点	
基本建设项目的划分； 工程概预算的分类及作用； 工程造价的含义	
实训效果、评价与建议	
教学评价	教学方法　　□好　　□中　　□差
	教学内容　　□好　　□中　　□差
成绩评定	□优　　□良　　□中　　□及格　　□不及格
教学建议	

1

实训项目一　基础理论

1. 名词解释

(1)建设项目

(2)单项工程

(3)单位工程

(4)分部分项工程

(5)施工图预算

2. 单项选择题

(1)新建项目是指新开始建设的项目,或对原有建设单位重新进行总体设计,经扩大建设规模后,其新增的固定资产价值超过原有固定资产价值(　　　)以上的建设项目。

  A.2 倍   B.3 倍   C.4 倍   D.5 倍

(2)某学校的一栋办公楼属于(　　　)。

  A.建筑项目   B.单项工程   C.单位工程   D.分部工程

(3)具有独立设计文件,但建成后不能独立发挥生产能力或使用功能的工程属于(　　　)。

  A.建筑项目   B.单项工程   C.单位工程   D.分部工程

(4)某办公楼的电气照明工程应划分为多个(　　　)。

  A.建筑项目   B.单项工程   C.单位工程   D.分部工程

(5)一个工程项目中的桩基础工程属于(　　　)。

  A.建筑项目   B.单项工程   C.单位工程   D.分部工程

(6)教学楼的"墙柱面装饰工程"属于(　　　)。

  A.建筑项目   B.单项工程   C.单位工程   D.分部工程

(7)建设项目划分为5个层次,以下确定人工、材料、机械台班消耗的基本构造要素的是(　　　)。

  A.建筑项目   B.单项工程   C.单位工程   D.分项工程

(8)下列项目,属于预算定额分项工程的是(　　)。

　　A.人工挖土　　　　　　　　　　　　B.机械挖土

　　C.人工挖基坑三类土,深2 m内　　　D.土石方工程

(9)在可行性研究阶段,按照有关规定编制(　　)。

　　A.施工预算　　　B.施工图预算　　　C.设计概算　　　D.投资估算

(10)依据初步设计图纸和概算定额在初步设计阶段编制的造价文件是(　　)。

　　A.施工预算　　　B.施工图预算　　　C.设计概算　　　D.投资估算

(11)施工图预算是在(　　)阶段编制的造价文件。

　　A.可行性研究　　　B.施工　　　C.初步设计　　　D.施工图设计

(12)根据施工图纸和预算定额编制的预算文件是(　　)。

　　A.施工图预算　　　B.施工预算　　　C.设计概算　　　D.投资估算

3.多项选择题

(1)基本建设通过(　　)形式来完成。

　　A.新建　　　B.扩建　　　C.迁建　　　D.改建　　　E.重建

(2)基本建设按建设项目不同的建设阶段分为(　　)。

　　A.筹建项目　　　B.施工项目　　　C.投产项目

　　D.运营项目　　　E.收尾项目

(3)以下属于单项工程的是(　　)。

　　A.教学楼的"楼地面工程"　　　　　B.南宁"百货大楼"

　　C.某车间的"镀金车间"　　　　　　D.奥运会主会场"鸟巢"

　　E.住宅楼的"屋面防水层"

(4)以下属于分部工程的是(　　)。

　　A.某商住楼的"砌筑工程"　　　　　B.某车间的"土石方工程"

　　C.某工厂的"礼堂"　　　　　　　　D.某医院的"住院大楼"

　　E.某体育馆"金属结构工程"

(5)基本建设程序中,属于前期阶段工作的是(　　)。

　　A.可行性研究　　　　　　　　　　　B.编制设计任务书

　　C.编制设计文件　　　　　　　　　　D.建设准备

　　E.制订年度计划

(6)基本建设中,属于准备阶段的内容是(　　)。

　　A.制订年度计划　　　　　　　　　　B.迁地拆迁

　　C.建设场地"三通一平"　　　　　　D.协调图纸综合概(预)算书

　　E.建设项目总概算书

(7)建筑工程的"三算"对比是指(　　)的对比。

　　A.投资估算　　　B.设计概算　　　C.施工预算

　　D.施工图预算　　　E.竣工决算

(8)施工企业为加强经营管理,搞好经济核算,实行"两算"对比是指(　　)的对比。

　　A.竣工决算　　　B.竣工结算　　　C.施工预算

    D. 施工图预算   E. 合同价

(9)工程造价的特点是(　　)。

    A. 多样性   B. 动态性   C. 个别性

    D. 层次性   E. 兼容性

4. 判断题

(1)施工图预算的编制对象是单项工程。   (　　)

(2)单项工程就是分项工程的简称。   (　　)

(3)施工图预算的计算对象是分项工程。   (　　)

(4)设计概算是建筑工程中"三算"对比的其中"一算"。   (　　)

5. 简答题

(1)简述基本建设的含义。

(2)简述工程建设造价文件的分类。

(3)简述工程造价的特点。

(4)简述建筑工程造价的计价模式。

(5)简述工料单价法计价与工程量清单计价的区别。

实训项目二　项目分解

请填写本校教学楼单项工程项目分解表：

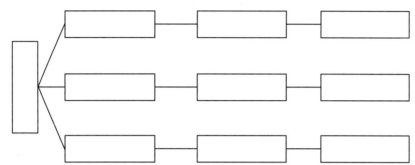

第二章　建筑工程定额

【实训项目、要求与评价】

实训项目与要求	
实训项目	实训要求
实训项目一　基础理论	掌握定额的概念与分类； 掌握预算定额的概念、编制原则； 了解预算定额消耗量指标的确定； 了解基础单价的确定
实训项目二　预算定额的应用	熟悉广西预算定额的组成及内容； 熟练应用广西预算定额； 掌握定额套用、定额换算的方法
实训项目三　综合单价、合价计算	熟练掌握参考基价、换算基价、综合单价、合价的计算
项目重点	
掌握定额的概念与分类； 掌握预算定额的概念、编制原则； 熟练掌握定额的应用； 熟练掌握换算基价、综合单价、合价计算	
实训效果、评价与建议	
教学评价	教学方法　　□好　　□中　　□差
	教学内容　　□好　　□中　　□差
成绩评定	□优　　□良　　□中　　□及格　　□不及格
教学建议	

实训项目一　基础理论

👉 引导:完成下列题目,熟悉建筑工程定额相关理论。

1.简答题

(1)什么是建设工程定额?

(2)建设工程定额的性质是什么?

2.单项选择题

(1)建筑工程定额按生成要素分为( )。
　　A.劳动定额、材料消耗量定额和机械台班消耗量定额
　　B.施工定额、预算定额、概算定额、概算指标和估算指标
　　C.全国统一定额、地方统一定额、企业定额和一次性补充定额
　　D.建筑工程定额、安装工程定额

(2)建筑工程定额按用途分为( )。
　　A.劳动定额、材料消耗量定额和机械台班消耗量定额
　　B.施工定额、预算定额、概算定额、概算指标和估算指标
　　C.全国定额、地方定额、企业定额
　　D.预算定额、企业定额、劳动定额

(3)( )是指在正常的施工生产条件下,为完成一定计量单位、合格的分项工程或结构构件所消耗的人工、材料、机械台班的数量标准,是一种计价性定额。
　　A.劳动定额　　　　B.施工定额　　　　C.概算定额　　　　D.预算定额

(4)建筑工程预算定额是根据一定时期( )水平,对生产单位产品所消耗的人工、材料、机械台班规定的数量标准。
　　A.社会平均　　　B.社会平均先进　　C.企业平均　　　　D.企业平均先进

(5)定额水平高是指定额工料消耗( )。
　　A.高　　　　　　B.低　　　　　　　C.多　　　　　　　D.一般

(6)时间定额与产量定额之间的关系是( )。
　　A.互为倒数　　　B.互成正比　　　　C.需分别独立测算　D.没什么关系

（7）预算定额人工消耗量中的人工幅度差是指（　　　　）。

    A. 预算定额消耗量与概算定额消耗量的差额

    B. 预算定额消耗量自身的误差

    C. 预算人工定额必需消耗量与净耗量的差额

    D. 预算定额消耗量与劳动定额消耗量的差额

（8）材料定额消耗量中的材料净耗量是指（　　　　）。

    A. 材料必需消耗量

    B. 施工中消耗的所有材料量

    C. 直接用到工程上构成工程实体的消耗量

    D. 在合理和节约使用材料前提下的材料用量

（9）建设工程预算定额中材料的消耗量（　　　　）。

    A. 仅包括净用量

    B. 既包括净用量，又包括损耗量

    C. 有的定额包括损耗量，有的定额未包括损耗量

    D. 既包括净用量，也包括损耗量，损耗量中还包括运输过程中的损耗量

（10）在下列项目中，不应列入预算定额材料消耗量的是（　　　　）。

    A. 构成工程实体的材料消耗量

    B. 在施工操作过程中发生的不可避免的材料损耗量

    C. 在施工操作地点发生的不可避免的材料损耗量

    D. 在施工过程中对材料进行一般性鉴定或检查所消耗的材料量

3. 多项选择题

（1）预算定额具有（　　　　）。

    A. 真实性和科学性　　　　B. 系统性和统一性　　　　C. 权威性和强制性

    D. 稳定性和时效性　　　　E. 精确性和唯一性

（2）预算定额的编制原则有（　　　　）。

    A. 平均水平　　　　　　　B. 先进水平　　　　　　　C. 简明适用

    D. 简单适用　　　　　　　E. 精确可信

（3）编制材料消耗定额的方法有（　　　　）。

    A. 现场技术测定法　　　　B. 经验估计法　　　　　　C. 统计法

    D. 换算法　　　　　　　　E. 估计法

（4）以下描述正确的是（　　　　）。

    A. 完成单位产品所需要的劳动时间称为产量定额

    B. 预算定额由企业编制

    C. 施工定额的水平应该是平均先进水平

    D. 依据广西定额，定额基价包括人工费、材料费和机械费

    E. 预算定额非企业编制

（5）以下描述正确的有（　　　　）。

    A."2013 年广西人工材料机械台班基期价"是按 2011—2012 年市场价格测定的

B. 根据桂建标〔2015〕5 号文,2013 年广西定额的人工费调增 15%

C. 施工机械台班单价由折旧费、大修理费、经常修理费、安拆费及场外运输费、人工费、燃料动力费、税费 7 项费用组成

D. 广西定额中的材料消耗量包括施工中消耗的主要材料、辅助材料和零星材料等,并计算了相应的施工场内运输及施工操作的消耗,消耗的内容包括从工地到仓库、现场集中堆放地点或现场加工地点至操作或安装地点的运输损耗、施工操作损耗、施工现场堆放损耗

C. 根据桂建标〔2015〕5 号文,2013 年广西定额的人工费调减 15%

实训项目二 预算定额的应用

👉 **引导**:完成下列题目,熟悉预算定额手册的内容。

1. 填空题

(1)目前,广西土建预算定额体系主要的手册有:2013 版《_____》(上、下册)。

(2)基期价是指定额编制时,以某年为基期年,以该年某地人工、材料、机械台班单价为基础价格,计算完成消耗量定额中定额子目所需的人工、材料和机械使用情况的合计价值。《广西壮族自治区建筑装饰装修工程人工材料配合比机械台班基期价》(2013 版)是结合广西建筑市场_____年至_____年价格以及国家及自治区有关规定综合取定的。

(3)《广西壮族自治区建筑装饰装修工程消耗量定额》(2013 版)(以下简称《2013 广西定额》),它主要包括以下四部分内容:_____、_____、_____、_____。

(4)消耗量定额中的每一章为一个分部工程,每一章的内容均包括 _____、_____、_____。

(5)定额表是定额手册的主要内容,包括_____、_____、_____。

(6)定额表的表头包括_____和_____。

(7)定额子目的参考基价 = _____。

其中:

人工费直接在定额子目表中读取,单位为"元";

材料费 = _____;

机械费 = _____。

(8)定额编码有 3 级数字,以 A1-16 为例,请说明 3 级数字的含义:

A 表示_____,1 表示_____,16 表示_____。

2. 定额阅读填空题

阅读混凝土柱浇捣的定额子目表(表 2-1),并进行填空:

表 2-1 《2013 广西定额》混凝土柱定额子目表

工作内容:清理、润湿模板、浇捣、养护 　　　　　　　　　　　　　　　　　　单位:10 m³

定额编号				A4-18	A4-19	A4-20
项　目				混凝土柱		
				矩形	圆形、多边形	构造柱
参考基价(元)				3 069.13	3 093.58	3 196.36
其中	人工费(元)			387.03	412.68	515.28
	材料费(元)			2 666.89	2 665.69	2 665.87
	机械费(元)			15.21	15.21	15.21
041401026	碎石 GD40 商品砼 C20	m³	262.00	10.150	10.150	10.150
310101065	水	m³	3.40	0.910	0.740	0.820
021701001	草袋	m²	4.50	1.000	0.860	0.840
990311002	混凝土振捣器【插入式】	台班	12.27	1.240	1.250	1.250

矩形混凝土柱的浇捣:

(1)先拿出《2013 广西定额》,找到"矩形混凝土柱的浇捣"的页码在第_____页。

(2)它的定额编码是:_____;定额计量单位是:_____。

(3)它的参考基价为_____元/10 m³,其中:人工费为_____元/10 m³,材料费为_____元/10 m³,机械费为_____元/10 m³,它们相加汇总后的结果即为参考基价。

(4)它的材料组成有:

①碎石 GD40 商品普通混凝土 C20 的消耗量为_____(单位为:_____),该 C20 混凝土单价为_____(单位为:_____);

②水的消耗量为_____(单位为:_____),水的单价为_____(单位为:_____);

③草袋的消耗量为_____(单位为:_____),草袋的单价为_____(单位为:_____)。

按公式:材料费 = $\sum$(定额项目的材料消耗量 × 相应材料单价),将上述信息进行列式:_____=2 666.89 元/10 m³。

(5)它的机械为_____,该机械的消耗量为_____(单位为:_____),单价为_____(单位为:_____)。

按公式:机械费 = $\sum$(定额项目的机械台班消耗量 × 相应台班单价),将上述机械的信息进行列式:_____=15.21 元/10 m³。

3. 正确选套定额

查找下列各分项工程的定额编号,填写在括号内,需要换算的应写明换算说明。

(1)某土方工程为三类土,人工开挖,深度 1.2 m。　　　　　　　　(　　　　　)

(2)某工程用 M7.5 水泥石灰砂浆中砂砌 18 cm 厚标准砖混水墙 10 m³。(　　　　　)

（3）30 mm 厚 1∶3 水泥砂浆找平层（在混凝土基层上）。 （ ）

（4）某土方工程为三类土，人工开挖，深度 2.2 m，施工方案采用挡土板支撑。

（ ）

（5）某框架结构建筑，建筑面积为 5 000 m²，垂直运输高度 30 m 以内，施工方案配塔吊、卷扬机，采用泵送混凝土，查出垂直运输的定额编码。 （ ）

4.计算参考基价（或换算基价）

将第 3 题的各分项工程选套好定额后，填写到"基价计算表"内（表 2-2），然后计算参考基价（换算基价）。其中，前三小题考虑两个时间点，分别按 2013 年 12 月和 2015 年 12 月考虑基价的计算。后两小题只按 2013 年 12 月这个时间点考虑。

表 2-2　分项工程基价计算表

（以第一题进行示例演示，其他题目按此例格式进行书写）

序号	定额编码	定额名称	定额单位	工程量	基价计算（参考基价、换算基价）
1	A1-4	人工挖土方/深度 1.5 m 以内/三类土	100 m³		参考基价：1 631.04 元/100 m³
桂建标〔2015〕5 号文：适用 2015 年 12 月					
2	A1-4 换	人工挖土方/深度 1.5 m 以内/三类土	100 m³		换算基价：1 631.04×1.15 = 1 875.70（元/100 m³）
	R×1.15				
桂建标〔2015〕5 号文：适用 2015 年 12 月					
3					
桂建标〔2015〕5 号文：适用 2015 年 12 月					
以下两题按 2013 年 12 月的时间点考虑					
4					

续表

序号	定额编码	定额名称	定额单位	工程量	单价计算(参考基价、换算基价)
5					

实训项目三 综合单价、合价计算

👉 引导1:先熟悉知识链接,然后计算出管理费率和利润率的平均值。

● 知识链接

(1)《广西壮族自治区建筑装饰装修工程费用定额》(2013 版)(以下简称《2013 费用定额》),计价程序中的综合单价由人工费、材料费、机械费、管理费、利润及一定范围的风险费组成。

(2)工料单价法综合单价组成表见表2-3。

表 2-3   工料单价法综合单价组成表

序号	组成内容	计算方法(以"人工费 + 机械费"为计算基数)
A	人工费	消耗量定额子目人工费
B	材料费	$\sum$ 消耗量定额子目材料含量 × 相应材料单价
C	机械费	$\sum$ 消耗量定额子目机械台班含量 × 相应机械单价
D	管理费	(A + C) × 管理费费率
E	利润	(A + C) × 利润费率
	小计	A + B + C + D + E

(3)拿出《2013 费用定额》,找到上述"工料单价法综合单价组成表"的页码在第_____页。

(4)管理费与利润费率见表2-4。

表 2-4　管理费与利润费率表

编号	项目名称	计算基数	管理费费率(%)	利润费率(%)
1	建筑工程	$\sum$（分部分项、单价措施项目人工费 + 机械费）	32.15 ~ 39.29	0 ~ 20
2	装饰装修工程		26.79 ~ 32.75	0 ~ 16.67
3	土石方及其他工程		8.46 ~ 10.34	0 ~ 5.26
4	地基基础桩基础工程		13.39 ~ 16.37	0 ~ 8.30

（5）拿出《2013 费用定额》，找到上述"管理费与利润费率表"的页码在第_____页。

（6）将管理费和利润率按取值的中间值计算，将结果填入表 2-5。

表 2-5　管理费与利润费率表（按取值中间值填写）

编号	项目名称	计算基数	管理费费率(%)	利润费率(%)
1	建筑工程	$\sum$（分部分项、单价措施项目人工费 + 机械费）		
2	装饰装修工程			
3	土石方及其他工程			
4	地基基础桩基础工程			

☞引导 2：按管理费和利润费率的中间值计算综合单价和合价。

（1）某工程用 M7.5 水泥石灰砂浆中砂砌 18 cm 厚标准砖混水墙，50 m³，先查找定额号，然后按《2013 费用定额》计算该混水墙的综合单价和合价，并填入表 2-6。

【解】该分项工程的定额编号为：_____。

表 2-6　综合单价、合价计算

序号	费用名称	计算公式	计算工程和结果
A	人工费		
B	材料费	提示：砂浆需要换算	
C	机械费		
D	管理费	(A + C) × 管理费费率	
E	利润	(A + C) × 利润费率	
	综合单价	A + B + C + D + E	
	合价	综合单价 × 工程量	

（2）某土方工程为三类土，人工开挖，深度 1.2 m，250 m³，先查找定额号，然后按《2013 费用定额》计算该混水墙的综合单价和合价，并填入表 2-7。

【解】该分项工程的定额编号为：_____。

表 2-7　综合单价、合价计算

序号	费用名称	计算公式	计算工程和结果
A	人工费		
B	材料费		
C	机械费		
D	管理费	（A＋C）×管理费费率	
E	利润	（A＋C）×利润费率	
	综合单价	A＋B＋C＋D＋E	
	合价	综合单价×工程量	

　　（3）GD40/C25 现浇混凝土有梁板浇捣（商品混凝土，碎石，泵送，并假设 C25 碎石商品混凝土单价为 385 元/m³），500 m³，先查找定额号，然后按《2013 费用定额》计算该有梁板浇捣的综合单价和合价，并填入计算表 2-8。

　　【解】该分项工程的定额编号为：＿＿＿＿＿＿＿＿＿＿＿＿＿。

表 2-8　综合单价、合价计算

序号	费用名称	计算公式	计算工程和结果
A	人工费		
B	材料费	提示：需要换算	
C	机械费		
D	管理费	（A＋C）×管理费费率	
E	利润	（A＋C）×利润费率	
	综合单价	A＋B＋C＋D＋E	
	合价	综合单价×工程量	

👉 引导 3：综合实训。

　　根据《2013 广西定额》和《2013 费用定额》，查找下列各分项工程的定额编号，并填写在括号内。需要换算的应写换算说明，然后计算基价、综合单价和合价，并填入表 2-9。

　　（1）人工运土方（运距 180 m），67.8 m³。　　　　　　　　　　　　（　　　　　）
　　（2）斗容量 0.4 m³ 液压挖掘机挖土，5 t 自卸车运土 5 km，5 000 m³。　（　　　　　）
　　（3）M7.5 混合砂浆砌 240 mm 标准砖混水墙，80 m³。　　　　　　　（　　　　　）
　　（4）GD40/C20 现浇混凝土独立基础浇捣（现场拌制混凝土，砾石，泵送），250 m³。
　　　　　　　　　　　　　　　　　　　　　　　　　　　　　　　　　　（　　　　　）
　　（5）GD20/C25 现浇混凝土直行楼梯浇捣（板厚 110 mm，商品混凝土，砾石，非泵送，并假设 C25 砾石商品混凝土单价为 285 元/m³），50 m³。　　　　　　　　　　　（　　　　　）
　　（6）现浇构件圆钢（φ10 以内）制作安装，25 t。　　　　　　　　　（　　　　　）
　　（7）双排扣件式钢管外脚手架 20 m 以内，400 m²。　　　　　　　　（　　　　　）
　　（8）框架梁支木模板（木支撑），150 m²。　　　　　　　　　　　　（　　　　　）
　　（9）水泥砂浆铺贴陶瓷地砖（地砖规格 600 mm×600 mm），350m²。　（　　　　　）
　　（10）铝合金栏杆，10 mm 厚有机玻璃栏板（半玻），300 m。　　　　（　　　　　）

表 2-9　分项工程基价、单价、合价计算表

序号	定额编码	定额名称	定额单位	工程量	单价计算（参考基价、换算基价）
1					
2					
3					
4					
5					

续表

序号	定额编码	定额名称	定额单位	工程量	单价计算（参考基价、换算基价）
6					
7					
8					
9					
10					

第三章　建筑工程工程量清单

【实训项目、要求与评价】

实训项目与要求	
实训项目	实训要求
实训项目一　基础理论	了解工程量清单发展状况及意义,以及《建设工程工程量清单计价规范》(GB 50500—2013)(以下简称《2013清单计价规范》)的内容及工程量清单的概况; 掌握工程量清单的编制步骤
实训项目二　工程量清单的编制	正确填写工程量清单项目编码、项目名称、计量单位、项目特征和工程量

项目重点
《2013清单计价规范》的内容; 工程量清单的编制

实训效果、评价与建议				
教学评价	教学方法	□好	□中	□差
	教学内容	□好	□中	□差
成绩评定	□优　　□良　　□中　　□及格　　□不及格			
教学建议				

实训项目一　基础理论

 引导:完成下列题目,熟悉建筑工程定额相关理论。

1. 名词解释

(1)工程量

(2)工程量清单

(3)请结合《房屋建筑与装饰工程工程量计算规范》(GB 50854—2013),解释分部分项工程项目编码的含义

　　A. 010101001001

　　B. 011101005001

　　C. 011702005001

(4)暂列金额

2. 填空题

(1)工程量清单包括分部分项工程量清单、措施项目清单、其他项目清单、_____、_____五部分。

(2)《2013 清单计价规范》规定构成一个分部分项工程量清单的 5 个要件是_____、_____、_____、_____、_____。

3. 单项选择题

(1)工程量清单是表现拟建工程的(　　)、措施项目、其他项目、规费、税金的名称和相应数量的明细清单。

　　A. 分部分项工程项目　　B. 建设项目　　C. 单项工程项目　　D. 单位工程项目

(2)下列项目属于分部分项清单项目的是（　　）。

A.矩形柱　　　　　　B.柱模板　　　　　C.垂直运输　　　　D.脚手架

(3)下列项目属于措施清单项目的是（　　）。

A.矩形柱　　　　　　B.柱模板　　　　　C.楼地面工程　　　D.240 外墙

(4)合理的清单项目设置和准确的（　　）是清单计价的前提和基础。

A.工程量　　　　　　B.工程额　　　　　C.计量单位　　　　D.项目数量

(5)以下不属于工程量清单计价特点的是（　　）。

A.有利于市场的公平竞争　　　　　　　B.有利于风险的合理分担

C.减少重复计算工程量　　　　　　　　D.不利于投资控制

(6)工程预算造价主要取决于（　　）两个因素。

A.工程量、计量单位　　　　　　　　　B.工程量、工程单价

C.暂估价、工程单价　　　　　　　　　D.工程量、其他项目

(7)完整的工程量清单项目编码是在（　　）全国统一编码后增加3位具体项目编码。

A.2 位　　　　　　　B.4 位　　　　　　C.6 位　　　　　　D.9 位

(8)计算工程量应遵循的原则,以下不对的是（　　）。

A.原始数据必须和设计图纸相一致

B.计量单位必须与清单（或定额）相一致

C.计算规则必须与清单（或定额）相一致

D.计算口径可以与清单（或定额）不一致

(9)在工程量清单的"措施项目一览表"中,不属于通用项目的是（　　）。

A.大型机械设备进出场及安拆　　　　　B.二次搬运

C.已完工程及设备保护　　　　　　　　D.垂直运输机械

(10)分部分项工程量清单与计价表中应包括（　　）。

A.工程量清单表和工程量清单说明

B.项目编码、项目名称、项目特征、计量单位和工程量

C.工程量清单、措施项目一览表和其他项目清单

D.项目名称、项目特征、工程内容等

4.多项选择题

(1)工程量计算依据包括（　　）。

A.经审定的施工图　　　　B.工程量计算规则　　　　C.综合单价

D.经审定的施工方案　　　　E.经审定的施工组织设计

(2)工程量计算准确度为（　　）。

A.立方米（m^3）、平方米（m^2）及米（m）以下取三位小数

B.吨（t）以下取三位小数

C.千克（kg）、件等取整数

D.立方米（m^3）

E.平方米（m^2）及米（m）以下取两位小数

(3)工程量清单是招标文件的组成部分,主要由（　　）等组成。

A. 分部分项工程量清单　　　　　B. 投标报价单　　　　C. 措施项目清单

D. 规费清单和税金清单　　　　　E. 其他项目清单

(4) 工程量清单规范统一了(　　　)。

A. 项目名称　　　　　　　　　　B. 项目名称和项目特征　　　C. 计算规则

D. 项目编码　　　　　　　　　　E. 计量单位

(5) 工程量清单计价中,分部分项工程的综合单价由完成规定计量单位工程量清单项目所需的(　　　)等费用组成。

A. 人工费、材料费、机械使用费　B. 管理费　　　　　　　　　C. 临时设施费

D. 利润　　　　　　　　　　　　E. 税金

(6) 下列属于措施清单项目的是(　　　)。

A. 矩形柱　　　　　　　　　　　B. 柱模板　　　　　　　　　C. 垂直运输

D. 脚手架　　　　　　　　　　　E. 平整场地

(7) 下列属于分部分项清单项目的是(　　　)。

A. 矩形柱　　　　　　　　　　　B. 柱模板　　　　　　　　　C. 楼地面工程

D. 240 外墙　　　　　　　　　　E. 安全文明施工

(8) 下列属于其他项目清单项目的是(　　　)。

A. 暂列金额　　　　　　　　　　B. 暂估价　　　　　　　　　C. 计日工

D. 总承包服务费　　　　　　　　E. 二次搬运费

(9) 下列属于规费清单项目的是(　　　)。

A. 工程排污费　　　　　　　　　B. 社会保险费　　　　　　　C. 住房公积金

D. 危险作业意外保险　　　　　　E. 劳动保险费

(10) 工程量清单计价与定额计价的区别有(　　　)。

A. 编制工程量的单位不同　　　　B. 编制依据不同　　　　　　C. 项目编码不同

D. 编制工程量清单的时间不同　　E. 费用组成不同

5. 判断题

(1) 暂列金额是指承包人为可能发生的工程量变更而预留的金额。　　　　　　　　(　　　)

(2) 计日工以完成零星工程所消耗的人工工时、材料数量、机械台班进行计量。　　(　　　)

(3) 其他项目清单应根据拟建工程的具体情况,参照暂列金额、暂估价、计日工、总承包服务费列项。　　　　　　　　　　　　　　　　　　　　　　　　　　　　　　　　(　　　)

(4) 工程量情况综合单价包括规费和税金。　　　　　　　　　　　　　　　　　　(　　　)

(5) 对于同一项目,清单计算单位和定额计算单位是一致的。　　　　　　　　　　(　　　)

实训项目二　工程量清单的编制

👉 **引导1:**《2013 清单计价规范》规定,全部使用国有资金投资或国有资金投资为主的工程建设项目,必须采用工程量清单计价。非国有资金投资的工程建设项目,可采用工程量清

单计价。

工程量清单计价活动包括_____。

【知识链接】

《2013 清单计价规范》从资金来源方面,规定了强制实行工程量清单计价的范围。国有资金投资的工程建设项目范围:

- 国有资金投资的工程建设项目;
- 国家融资资金投资的工程建设项目;
- 国有资金(含国家融资资金)为主的工程建设项目。

"项目特征"是对构成工程实体的分部分项工程量清单项目和非实体的措施清单项目其自身价值的特有属性和本质特征的描述。定义该术语主要是为了准确组建综合单价,如挖基础土方的项目特征为:土壤类别、基础类型、垫层底宽、底面积、挖土深度、弃土运距。

(1)综合单价是指_____。

(2)措施项目是指_____。

(3)暂列金额是指_____。

(4)暂估价是指_____。

(5)计日工是_____。

(6)总承包服务费是指_____。

(7)索赔是指_____。

(8)现场签证是指_____。

(9)企业定额是指_____。

(10)规费是指_____。

(11)税金是指_____。

(12)招标控制价是指_____。

(13)投标价是指_____。

(14)合同价是指_____。

(15)竣工结算价是指_____。

发包人:具有工程发包主体资格和支付工程价款能力的当事人以及取得该当事人资格的合法继承人。

承包人:被发包人接受的具有工程施工承包主体资格的当事人以及取得该当事人资格的合法继承人。

项目特征描述技巧:

- 必须描述的内容

(1)涉及正确计量的内容必须描述,如门窗洞口尺寸或框外围尺寸。

(2)涉及结构要求的内容必须描述,如混凝土构件的混凝土强度等级,是使用 C20 还是 C30 或 C40 等,因混凝土强度等级不同其价格也不同。

(3)涉及材质要求的内容必须描述,如油漆的品种,是调和漆还是硝基清漆等。

(4)涉及安装方式的内容必须描述,如管道工程中钢管的连接方式是螺纹连接还是焊接等。

● 可不详细描述的内容

（1）无法准确描述的可不详细描述，如土壤类别，由于我国幅员辽阔，南北东西差异较大，特别是对于南方来说，在同一地点，由于表层土与表层土以下土壤的类别是不相同的，要求清单编制人准确判定某类土壤的所占比例比较困难。在这种情况下，可考虑将土壤类别描述为综合，注明由投标人根据地质勘察资料自行确定土壤类别，决定报价。

（2）施工图纸、标准图集标注明确，可不再详细描述，对这些项目可描述为"见××图集××页××节点大样"等。

（3）还有一些项目可不详细描述，但清单编制人在项目特征描述中应注明"由招标人自定"，如土（石）方工程中的"取土运距""弃土运距"等。

● 可不描述的内容

（1）对计量计价没有实质影响的内容可以不描述，如对现浇混凝土柱的高度、断面大小等的特征规定可以不描述，因为混凝土构件是按"m³"计量，对此描述的实质意义不大。

（2）应由投标人根据施工方案确定的可以不描述，如对石方预裂爆破的单孔深度及装药量的特征规定，若由清单编制人来描述是困难的，由投标人根据施工要求，在施工方案中确定，自主报价比较恰当。

（3）应由投标人根据当地材料和施工要求确定的可以不描述，如对混凝土构件中混凝土拌合料使用的石子种类及粒径、砂的种类及特征规定可以不描述。因为混凝土拌合料使用砾石还是碎石，使用粗砂还是中砂、细砂或特细砂，除构件本身特殊要求需要指定外，主要取决于工程所在地砂、石子材料的供应情况。

（4）应由施工措施解决的可以不描述，如对现浇混凝土板、梁标高的特征规定可以不描述。因为同样的板或梁，都可以将其归并在同一个清单项目中。

👉 **引导2**：工程量清单在工程量清单计价中起基础性作用，是整个工程量清单计价活动的重要依据之一，贯穿于整个施工过程中。

（1）一般规定：

①工程量清单应由_____编制。

②采用工程量清单方式招标，工程量清单应作为_____的组成部分，其准确性和完整性由_____负责。

③工程量清单应由_____组成。

④工程量清单是_____的基础，应作为_____等的依据。

（2）工程量清单的编制依据是什么？

（3）分部分项工程量清单的编制内容有哪些？

【知识链接】

工程量清单的项目特征是确定一个清单项目综合单价不可缺少的重要依据,在编制的工程量清单中必须对其项目特征进行准确和全面的描述。

①项目特征是划分清单项目的依据。工程量清单项目特征既是用来表述分部分项清单项目的实质内容,也是用于区分《2013 清单计价规范》附录中同一清单条目下各个具体的清单项目。没有对项目特征的准确描述,对于相同或相似的清单项目名称,就无从划分。

②项目特征是确定综合单价的前提。由于工程量清单项目特征决定了工程实体的实质内容,必然决定了工程实体的自身价值。因此,工程量清单项目特征描述准确与否,直接影响工程量清单项目综合单价的成果确定。

③项目特征是履行合同义务的基础。实行工程量清单计价制度,工程量清单及其综合单价是施工合同的组成部分。因此,如果工程量清单项目特征描述不清楚,甚至漏项、错误,必然引起在施工过程中的更改,导致合同造价纠纷。

（4）措施项目清单的编制内容有哪些?

【知识链接】

《2013 清单计价规范》将工程实体性项目划分为分部分项工程量清单,非实体性项目划分为措施项目。所谓非实体性项目,一般来说,其费用的发生和金额的大小与使用时间、施工方法或者两个以上工序相关,与实际完成的实体工程量的多少关系不大,典型的有大中型施工机械进出场及安拆、安全文明施工等。但有的非实体性项目,则是可以精确计量的项目,典型的有混凝土浇筑的模板工程,用分部分项工程量清单的方式,采用综合单价,更有利于措施费的确定和调整。

（5）其他项目清单的编制内容有哪些?

【知识链接】

暂列金额是由于一些不能预见、不能确定因素的价格调整而设立的。暂列金额由招标人根据工程特点,按有关计价规定进行估算,一般可以分部分项工程量清单费用的 10% ~15% 为参考;对于索赔费用、现场签证费用从此项扣支。

暂估价是指招标阶段直至签订合同协议时,招标人在招标文件中提供的用于支付必然要发生但暂时不能确定价格的材料以及需另行发包的专业工程金额。其中,材料暂估价是招标人列出暂估的材料单价及使用范围,投标人按照此价格来进行组价,并计入相应清单的综合单价中,其他项目合计中不包括,只是列项;专业工程暂估价是按项列支,如玻璃幕墙、防水等,价格中包含除规费、税金外的所有费用,此费用计入其他项目合计中。

计日工是为了解决现场发生的对零星工作的计价而设立的。计日工对完成零星工作所消耗的人工工时、材料数量、机械台班进行计量,并按照计日工表中填报的适用项目的单价进行计价支付。计日工适用的所谓零星工作一般是指合同约定之外的或因变更而产生的、工程量清单中没有相应项目的额外工作,尤其是那些时间不允许事先商定价格的额外工作。

👉 引导3:根据《房屋建筑与装饰工程工程量计算规范》(GB 50854—2013),编制下列各题的工程量清单(包括项目编码、项目名称、计量单位、项目特征和工程量)。

(1)5 000 m³ 斗容量 0.4 m³ 液压挖掘机挖土,5 t 自卸车运土 5 km。

(2)250 m³ 4/C20 现浇混凝土独立基础浇捣(现场拌制混凝土、砾石)。

(3)80 m³ M7.5 混合砂浆砌 370 mm 标准砖混水墙。

(4)400 m² 双排扣件式钢管外脚手架,30 m 以内。

(5)300 m 铝合金栏杆,10 mm 厚有机玻璃栏板(半玻)。

第四章　施工图预算的编制

【实训项目、要求与评价】

实训项目与要求	
实训项目	实训要求
实训项目　基础理论	掌握施工图预算的编制步骤； 掌握施工图预算的作用、编制依据； 了解目前广西施工图预算的编制方法
项目重点	
施工图预算的编制步骤	
实训效果、评价与建议	
教学评价	教学方法　　□好　　□中　　□差
	教学内容　　□好　　□中　　□差
成绩评定	□优　　□良　　□中　　□及格　　□不及格
教学建议	

实训项目　基础理论

👉 **引导:**完成下列题目,熟悉施工图预算相关理论。

1. 简答题

(1)简述施工图预算的作用及编制依据。

(2)简述施工图预算的编制步骤。

2. 单项选择题

(1)施工图预算是在(　　　)阶段确定的工程造价的文件。

  A. 方案设计　　　　　B. 初步设计　　　　　C. 技术设计　　　　　D. 施工图设计

(2)下列不属于施工图预算编制依据的是(　　　)。

  A. 施工图纸及说明书

  B. 经批准的投资估算

  C. 建筑安装工程费用定额、工程量计算规则

  D. 施工组织设计

(3)下列不属于施工图预算编制步骤的是(　　　)。

  A. 熟悉图纸和现场　　　　　　　　　B. 计算措施项目工程费用

  C. 进行工程地质勘查　　　　　　　　　D. 计算工程量

3. 多项选择题

下列属于施工图预算编制依据的是(　　　)。

A. 现行预算定额　　　　　　　B. 施工方案　　　　　　　C. 工料分析表

D. 施工现场勘察资料　　　　　E. 检查核对、分析测算技术经济指标

4. 判断题

(1)施工图预算的编制对象是单项工程。　　　　　　　　　　　　　　　　　　(　　　)

(2)施工图预算的编制对象是分项工程。　　　　　　　　　　　　　　　　　　(　　　)

(3)施工图预算即施工预算。　　　　　　　　　　　　　　　　　　　　　　　(　　　)

(4)目前广西施工图预算的编制方法采用工料单价计价法。　　　　　　　　　　(　　　)

第五章　建筑面积的计算

【实训项目、要求与评价】

实训项目与要求	
实训项目	实训要求
实训项目一　基础理论	掌握计算建筑面积的范围及计算1/2面积的范围； 掌握不计算建筑面积的范围
实训项目二　建筑面积的计算	根据建筑特征,结合建筑面积计算规则计算各层建筑面积
项目重点	
建筑面积的概念； 建筑面积的计算规则； 建筑面积计算实际操作	
实训效果、评价与建议	
教学评价	教学方法　　□好　　□中　　□差
	教学内容　　□好　　□中　　□差
成绩评定	□优　　□良　　□中　　□及格　　□不及格
教学建议	

实训项目一　　基础理论

👉 **引导1**：掌握建筑面积的概念和计算规则。

查阅《建筑工程建筑面积计算规范》（GB/T 50353—2013）（以下简称《计算规范》），回答下列问题。

（1）建筑面积是指建筑物的_____面积，即_____各层_____面积的总和，以_____为计量单位。建筑面积主要包括_____、_____、_____三个部分。

（2）建筑物的建筑面积应按_____面积之和计算。结构层高在_____及以上的，应计算全面积；结构层高在_____以下的，应计算1/2面积。

（3）建筑物内设有局部楼层时，对于局部楼层的二层及以上楼层，有围护结构的应按其_____面积计算，无围护结构的应按其_____计算。结构层高在_____及以上的，应计算全面积；结构层高在_____以下的，应计算1/2面积。

（4）对于形成建筑空间的坡屋顶，结构净高在_____及以上的部位应计算全面积；结构净高在_____以下的部位应计算1/2面积；结构净高在_____以下的部位不应计算建筑面积。

（5）对于场馆看台下的建筑空间，结构净高在_____及以上的部位应计算全面积；结构净高在_____以下的部位应计算1/2面积；结构净高在_____以下的部位不应计算建筑面积。室内单独设置的有围护设施的悬挑看台，应按_____面积计算建筑面积。有顶盖无围护结构的场馆看台应按其顶盖水平投影面积的_____计算面积。

（6）地下室、半地下室应按其结构外围水平面积计算。结构层高在_____及以上的，应计算全面积；结构层高在_____以下的，应计算1/2面积。

（7）出入口外墙外侧坡道有顶盖的部位，应按其_____面积的_____计算面积。建筑物架空层及坡地建筑物吊脚架空层，应按其_____计算建筑面积。结构层高在_____及以上的，应计算全面积；结构层高在_____以下的，应计算1/2面积。

（8）建筑物的门厅、大厅应按一层计算建筑面积，门厅、大厅内设置走廊的应按_____面积计算建筑面积，结构层高在_____及以上的，应计算全面积；结构层高在_____以下的，应计算1/2面积。

（9）对于建筑物间的架空走廊，有顶盖和围护设施的，应按其_____面积计算全面积；无围护结构、有围护设施的，应按其_____面积计算_____面积。

（10）对于立体书库、立体仓库、立体车库，有围护结构的，应按其_____面积计算建筑面积；无围护结构、有围护设施的，应按其_____面积计算建筑面积。无结构层的应按_____计算；有结构层的应按其_____计算；结构层高在_____及以上的，应计算全面积；结构层高在_____以下的，应计算1/2面积。

（11）有围护结构的舞台灯光控制室，应按其_____面积计算。结构层高在_____及以上的，应计算全面积；结构层高在_____以下的，应计算1/2面积。

（12）附属在建筑物外墙的落地橱窗，应按其_____面积计算，结构层高在_____上的,应计算全面积;结构层高在_____以下的,应计算1/2面积。

(13)窗台与室内楼地面高差在0.45 m以下且结构净高在2.10 m及以上的凸(飘)窗,应按其_____面积计算_____面积。

(14)有围护设施的室外走廊(挑廊),应按其_____面积计算_____面积;有围护设施(或柱)的檐廊,应按其_____面积计算_____面积。

(15)门斗应按其_____面积计算建筑面积,且结构层高在_____及以上的,应计算全面积;结构层高在_____以下的,应计算1/2面积。

(16)门廊应按其顶板的_____面积的_____计算建筑面积,有柱雨篷应按其_____面积的_____计算建筑面积;无柱雨篷的结构外边线至外墙结构外边线的宽度在2.10 m及以上的,应按_____投影面积的_____计算建筑面积。

(17)设在建筑物顶部的、有围护结构的楼梯间、水箱间、电梯机房等,结构层高在_____及以上的应计算全面积,结构层高在_____以下的,应计算1/2面积。

(18)围护结构不垂直于水平面的楼层,应按其_____面积计算。结构净高在_____及以上的部位,应计算_____面积;结构净高在_____及以上至_____以下的部位,应计算_____面积;结构净高在_____以下的部位,不应计算建筑面积。

(19)建筑物的室内楼梯、电梯井、提物井、管道井、通风排气竖井、烟道,应_____计算建筑面积,有顶盖的采光井应按一层计算面积,且结构净高在_____及以上的,应计算全面积;结构净高在_____以下的,应计算1/2面积。

(20)室外楼梯应_____,并应按其_____计算建筑面积。

(21)在主体结构内的阳台,应按其_____计算全面积;在主体结构外的阳台,应按其_____面积计算_____面积。

(22)有顶盖无围护结构的车棚、货棚、站台、加油、收费站等,应按其_____面积的_____计算建筑面积。

(23)以幕墙作为围护结构的建筑物,应按_____计算建筑面积。

(24)建筑物的外墙外保温层,应按其_____面积计算,并计入自然层建筑面积。

(25)与室内相通的变形缝,应按其_____面积内计算,对于高低联跨的建筑物,当高低跨内部连通时,其变形缝应计算在_____面积内。

(26)对于建筑物内的设备层、管道层、避难层等有结构层的楼层,结构层高在_____及以上的,应计算全面积;结构层高在_____以下的,应计算1/2面积。

👉 引导2:掌握不计算建筑面积的10项范围。

查阅《计算规范》,完成表5-1。

表5-1　不计算建筑面积的范围

序号	范围描述
1	
2	
3	
4	

续表

序号	范围描述
5	
6	
7	
8	
9	
10	

实训项目二 建筑面积的计算

👉 引导1:掌握建筑物内设有局部楼层时建筑面积的计算方法。

某建筑物平面、剖面示意图如图5-1所示,假设局部楼层①、②、③层均超过2.20 m,请计算该建筑物的建筑面积(完成表5-2)。

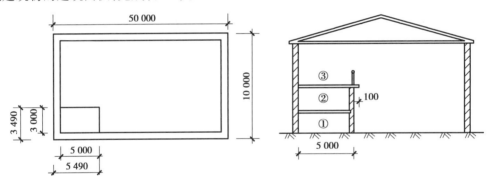

图5-1 某建筑物平面、剖面示意图

表5-2 工程量计算表(一)

工程名称: 　　　　　　　　　　　　　　　　　　　　　　　　　共 　　页第 　　页

项目名称	工程量计算式	工程量	单 位
建筑面积			

👉 引导2:掌握坡屋面建筑面积的计算方法。

某坡屋面下建筑空间的尺寸如图 5-2 所示,建筑物长 50 m,请计算其建筑面积(完成表 5-3)。

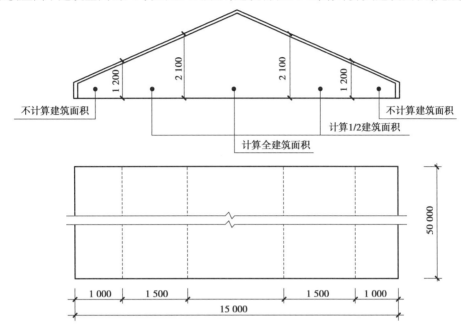

图 5-2　某建筑物空间示意图

表 5-3　工程量计算表(二)

工程名称:　　　　　　　　　　　　　　　　　　　　　　　　　　共　　页 第　　页

项目名称	工程量计算式	工程量	单　位
建筑面积			

引导 3:掌握吊脚架空层建筑面积的计算方法。

请计算图 5-3 吊脚架空层的建筑面积(完成表 5-4)。

表 5-4　工程量计算表(三)

工程名称:　　　　　　　　　　　　　　　　　　　　　　　　　　共　　页 第　　页

项目名称	工程量计算式	工程量	单　位
建筑面积			

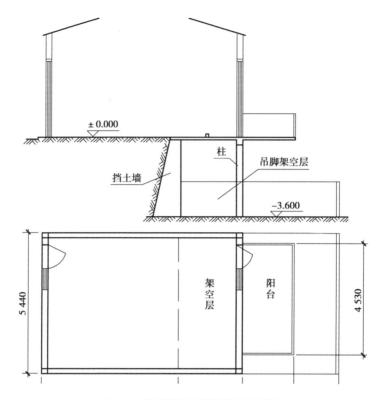

图 5-3　某建筑物吊脚架空层示意图

引导 4：掌握建筑物大厅、走廊建筑面积的计算方法。

　　某三层办公楼设有大厅且带走廊，如图 5-4 所示，分别计算大厅、走廊的建筑面积，以及办公楼全楼的建筑面积（完成表 5-5）。

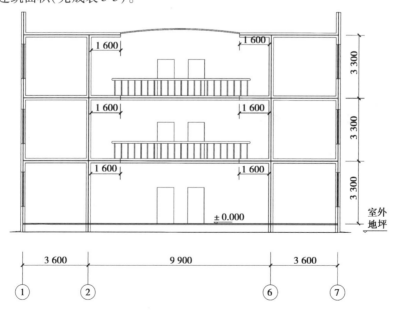

图 5-4　三层办公楼剖面图

表5-5　工程量计算表(四)

工程名称：　　　　　　　　　　　　　　　　　　　　　　　　　　　　　共　　页第　　　页

项目名称	工程量计算式	工程量	单位
建筑面积			

👉 **引导5**：综合应用建筑面积的计算方法。

根据附录办公楼图纸,列式计算办公楼的建筑面积(应有主要计算过程)。

1.计算思路

(1)熟悉图纸,了解项目的层数、外围尺寸,有无阳台、雨篷等需计算半面积的构件;观察有没有凸出屋面的楼梯间等。本项目:二层,外围尺寸为 11.6 m×6.5 m;二层有一个阳台。

(2)在"工程量计算表"中列出计算式并计算、汇总。

(3)在"分部分项工程量表"中填写结果。

说明:计算面积(m²)时,保留小数点后两位数字,第三位四舍五入。

2.计算过程

完成表5-6、表5-7的计算过程。

表5-6　工程量计算表(五)

工程名称:办公楼　　　　　　　　　　　　　　　　　　　　　　　　　共　　页第　　　页

项目名称	工程量计算式	工程量	单　位
建筑面积			

表5-7　分部分项工程量表

工程名称:办公楼 　　　　　　　　　　　　　　　　　　　　　　　　　共　　　页第　　　页

序号	定额编码	定额名称	定额单位	工程量

【知识拓展】

凸窗(飘窗)建筑面积的计算如图5-5所示。

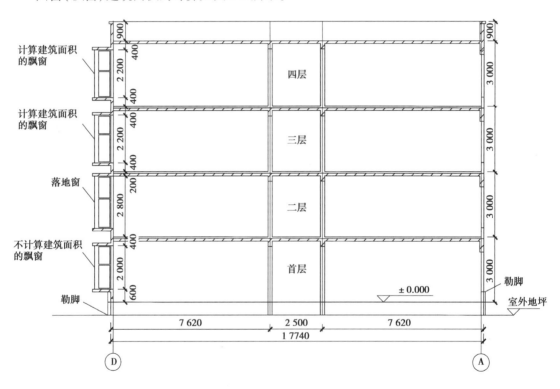

图5-5　飘窗

(1)计算规定:

窗台与室内楼地面高差在0.45 m以下且结构净高在2.10 m及以上的凸(飘)窗,应按其围护结构外围水平面积计算1/2面积。

(2)计算规定解读:

①凸窗(飘窗)是指凸出建筑物外墙面的窗户。凸窗(飘窗)既作为窗,就有别于楼(地)板的延伸,也就是不能把楼(地)板延伸出去的窗称为凸窗(飘窗)。凸窗(飘窗)的窗台应只是墙面的一部分且距楼(地)面应有一定的高度。如图5-5所示,二层的窗不是飘窗,俗称"落地窗"。

②窗台与室内地面高差在0.45 m以下且结构净高在2.10 m以下的凸(飘)窗,窗台与室内地面高差在0.45 m及以上的凸(飘)窗,不计算建筑面积。例如,图5-5中首层的飘窗由于

窗台与室内地面高差为 0.6 m>0.45 m,飘窗不计算建筑面积。三、四层的飘窗,由于窗台与室内楼地面高差为 0.40 m<0.45 m,且结构净高为 2.20 m>2.10 m,应按其围护结构外围水平面积计算 1/2 面积。

第六章 混凝土与钢筋混凝土工程

【实训项目、要求与评价】

实训项目与要求	
实训项目	实训要求
实训项目一 基础理论	掌握各种混凝土及钢筋混凝土计算规则； 熟悉混凝土及钢筋混凝土平法及构造要求
实训项目二 编制定额工程量计算书	根据图纸、施工方案、定额规定,准确列项并计算工程量
实训项目三 编制工程量清单	根据图纸、施工方案、工程量清单规则,准确列项并计算工程量
项目重点	
准确列项,熟悉清单和定额计算规则,准确计算工程量	
实训效果、评价与建议	
教学评价	教学方法　　□好　　　□中　　　□差
	教学内容　　□好　　　□中　　　□差
成绩评定	□优　　　□良　　　□中　　　□及格　　　□不及格
教学建议	

实训项目一　基础理论

👉 **引导1**：混凝土具有体积大、自重大、导热系数大、耐久性长、耐水、耐火、耐腐蚀、抗压强度大但抗拉强度低、造价低廉、可塑性好等特点，因此在工程中被广泛应用。你了解混凝土及其构件吗？

（1）混凝土是用＿＿＿＿＿＿＿＿＿＿＿＿＿＿＿＿＿＿＿＿＿＿＿＿四种材料按一定的配合比搅拌在一起，＿＿＿＿＿＿＿＿在＿＿＿＿＿＿＿＿中浇捣成型，并在适当的温度、湿度条件下，经过一定时间的＿＿＿＿＿＿＿＿＿＿＿＿＿而成的建筑材料。因其性能和石头相似，也称为＿＿＿＿＿＿＿＿。由于混凝土＿＿＿＿＿＿＿＿强度低，因此混凝土不能作为＿＿＿＿＿＿＿＿构件使用。

（2）根据混凝土的＿＿＿＿＿＿＿＿＿＿＿＿＿＿＿＿＿＿＿强度，混凝土的强度等级有 C15、C20、C25、C30、C35、C40、C45、C50、C55、C60、C65、C70、C75 和 C80 十四级。

👉 **引导2**：自主学习后完成下列习题。

1. 单项选择题

（1）现浇钢筋混凝土构件工程量，除另有规定外，均应按（　　）计算。

　　A. 构件混凝土质量　　　　　　　　　B. 构件混凝土体积

　　C. 构件的表面积　　　　　　　　　　D. 构件混凝土与模板的接触面积

（2）现浇混凝土梁、现浇混凝土板在计算混凝土及钢筋混凝土工程量时，柱高应按（　　）计算。

　　A. 有梁板的柱高，应按柱基上表面（或楼板上表面）至上一层楼板上表面之间的高度计算

　　B. 无梁板的柱高，应自柱基上表面（或楼板上表面）至柱帽上表面之间的高度计算

　　C. 框架柱的柱高应自柱基上表面至框架梁板面

　　D. 构造柱按全高计算（与砖墙嵌接部分的体积不计算）

（3）钢筋混凝土结构的钢筋保护层厚度，基础有垫层时为（　　）。

　　A. 10 mm　　　　　B. 15 mm　　　　　C. 25 mm　　　　　D. 10 mm

（4）现浇钢筋混凝土楼梯工程量，不包括（　　）。

　　A. 楼梯踏步　　　B. 楼梯斜梁　　　C. 休息平台　　　D. 楼梯栏杆

（5）现浇钢筋混凝土楼梯工程量不扣除宽度小于（　　）的楼梯井面积。

　　A. 500 mm　　　　B. 450 mm　　　　C. 300 mm　　　　D. 350 mm

（6）某三层建筑采用现浇整体楼梯，屋顶不上人。楼梯间净长 6 m、净宽 4 m，楼梯井宽 450 mm、长 3 m，则该现浇楼梯的混凝土工程量为（　　）。

　　A. 22.65 m²　　　B. 72.00 m²　　　C. 67.95 m²　　　D. 48.00 m²

（7）某砖混工程有 4 根边角构造柱，断面尺寸为 240 mm × 240 mm，柱高 12 m，则其工程量为（　　）。

A.2.76 m³   B.3.11 m³   C.3.50 m³   D.3.46 m³

(8)现浇混凝土圈梁的工程量( )。

  A.并入墙体工程量   B.单独计算,执行圈梁定额

  C.并入楼板工程量   D.不计算

(9)钢筋工程的工程量单位是( )。

  A.体积,m³   B.公称直径,mm   C.长度,m   D.质量,t

(10)钢筋工程中,半圆弯钩增加长度为( )。

  A.3.9d B.6.25d C.5.9d D.10d

2.多项选择题

(1)箱式满堂基础分别按( )有关规定计算。

  A.无梁式满堂基础   B.柱   C.梁   D.板

(2)计算钢筋长度应考虑的因素有( )。

  A.弯钩   B.下料调整值   C.混凝土保护层   D.弯起筋斜长

(3)关于现浇钢筋混凝土有梁板的计算,下列说法正确的是( )。

  A.按梁板体积之和计算   B.套有梁板的定额

  C.梁板分开列项   D.分别套定额

(4)不同平面形状下的构造柱分别设置在( )处。

  A.90°转角   B.T形接头   C.十字形接头   D.一字形接头

(5)现浇钢筋混凝土构件应计算的内容有( )。

  A.运输工程量   B.模板工程量   C.钢筋工程量   D.混凝土工程量

3.判断题

(1)清单规则中混凝土台阶按体积计算。   ( )

(2)后浇带是指第二次现浇的带形基础。   ( )

(3)梁板整体现浇,清单中体积合并计算。   ( )

(4)无梁板的柱帽体积应合并在柱内计算。   ( )

(5)阳台、雨篷的混凝土工程量按挑出墙外部分的体积计算。   ( )

实训项目二   编制定额工程量计算书

👉 **引导1**:常见的混凝土及钢筋混凝土工程计算主要包括现浇和预制混凝土基础、柱、梁、板、楼梯及其他构件等内容。这些项目如何计算混凝土工程量?《2013 清单计价规范》与定额计算规则是否相同?

(1)一般情况下混凝土工程量计算规则是如何规定的?

（2）带形基础与独立基础混凝土有何不同?

【知识链接】

有肋（梁）带形混凝土基础,其肋高与肋宽之比在4∶1以内的按有梁式带形基础计算;超过4∶1时,起肋部分按墙计算,肋以下按无梁式带形基础计算,如图6-1（a）所示。

独立基础,包括各种形式的独立基础及柱墩,其工程量按图示尺寸以 m^3 计算。柱与柱基的划分以柱基的扩大顶面为分界线,如图6-1（b）所示。

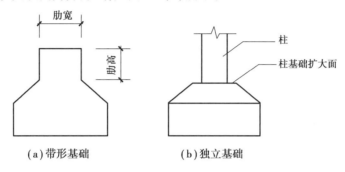

图6-1　混凝土基础

（3）混凝土基础垫层是否需要计算清单工程量?

（4）现浇混凝土柱的工程量如何计算? 柱高是如何规定的?

（5）现浇混凝土梁的工程量如何计算? 梁长如何确定?

（6）混凝土板的工程量怎么计算?

(7)整体楼梯、阳台、雨篷的工程量如何计算?

【知识链接】

(1)房间与阳台连通,洞口上坪与圈梁连成一体的混凝土梁,按过梁计算规则计算工程量,执行单梁子目;基础圈梁按圈梁计算。

(2)混凝土过梁的长度按照图纸规定计算,如图纸未作规定,实则按门窗洞口宽度一侧各加 250 mm 计算过梁长度。

(3)密肋板按板与肋体积之和计算。

(4)预制板补现浇板缝,板底缝宽大于 100 mm 时,按平板计算;板底缝宽大于 40 mm 时,按小型构件计算。

(5)混凝土楼梯(含直形和旋转形)与楼板,以楼梯顶部与楼板的连接梁为界,连接梁以外为楼板;楼梯基础,按基础的相应规定计算;踏步旋转楼梯,按其楼梯(不包括中心柱)部分的设计图示水平投影面积乘以周数,以 m² 计算;弧形楼梯按旋转楼梯项目执行。

(6)混凝土阳台(含板式和挑梁式)子目,按阳台板厚 100 mm 编制。混凝土雨篷子目,按板式雨篷、雨篷板厚 80 mm 编制。若阳台、雨篷板厚设计与定额不同时,按补充子目(阳台、雨篷板厚每增减 10 mm)调整。

☞ 引导2:识读附录办公楼图纸,对办公楼分部分项工程选套定额,填入"分部分项工程量表",然后在"工程量计算表"(表6-1)中计算各自的工程量,并将工程量填入"分部分项工程量表"(表6-2),计算式应条理清晰,书写工整,可适当用文字注明计算部位。

表6-1　工程量计算表

工程名称:办公楼

项目名称	工程量计算式	工程量	单　位
	A.4 混凝土与钢筋混凝土工程		

表6-2　分部分项工程量表

工程名称:办公楼

序号	定额编码	定额名称	定额单位	工程量
		A.4 混凝土与钢筋混凝土工程		

👉 引导3：

【知识巩固和拓展】

根据《2013 广西定额》，完成下列题目的定额工程量计算（完成表 6-3 和表 6-4）。

（1）某现浇钢筋混凝土单层结构平面如图 6-2 所示，梁板柱均采用 C30 混凝土，板厚 100 mm，柱基础顶面标高 − 1.0 m，板上面标高 4.8 m，柱截面尺寸为：KZ1 = 300 mm × 500 mm，KZ2 = 400 mm × 500 mm，KZ3 = 300 mm × 400 mm。请列项计算梁、板、柱、挑檐天沟混凝土工程量。

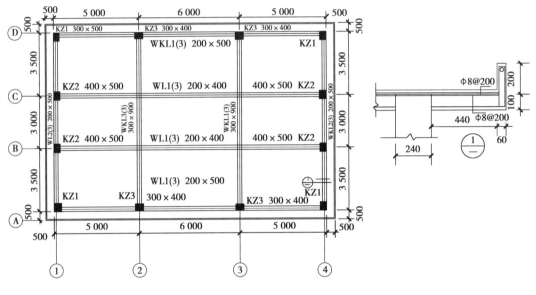

某厂房结构示意图 1:100

图 6-2 单层厂房结构平面图

表 6-3 分部分项工程量表

工程名称：

序号	定额编码	定额名称	定额单位	工程量
		A.4 混凝土与钢筋混凝土工程		

表6-4　工程量计算表

工程名称：

项目名称	工程量计算式	工程量	单位
	A.4 混凝土与钢筋混凝土工程		

（2）如图 6-3 所示，求现浇钢筋混凝土板式楼梯工程量（完成表 6-5 和表 6-6），确定套用定额子目，已知墙厚 240 mm，TL-1 截面尺寸 240 mm×400 mm，楼层梁 LL1 截面尺寸 250 mm×400 mm。

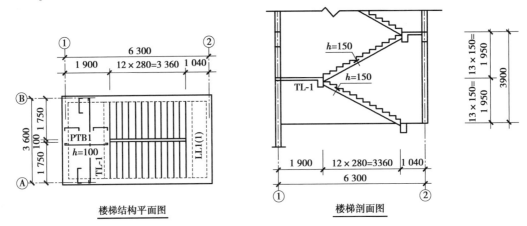

图 6-3　楼梯平面图和剖面图

表 6-5　分部分项工程量表

序号	定额编码	定额名称	定额单位	工程量
		A.4 混凝土与钢筋混凝土工程		
	.			

表6-6 工程量计算表

项目名称	工程量计算式	工程量	单 位

（3）某工程有梁式满堂基础如图 6-4 所示,筏板(低板位)厚 300 mm,基础梁截面尺寸均为 300 mm×700 mm,请列项并计算该基础混凝土浇捣工程量(完成表 6-7 和表 6-8)。

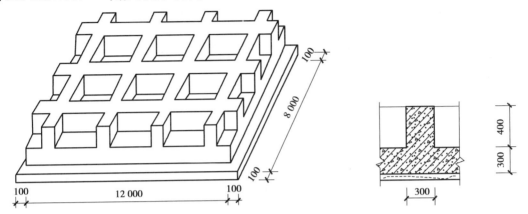

图 6-4 有梁式满堂基础三维图及断面示意图

表 6-7 分部分项工程量表

序号	定额编码	定额名称	定额单位	工程量
		A.4 混凝土与钢筋混凝土工程		

表6-8　工程量计算表

项目名称	工程量计算式	工程量	单 位

实训项目三 编制工程量清单

👉 **引导**:识读附录办公楼图纸,编制土(石)方工程的工程量清单,并填入"分部分项工程量表"(表6-9)中。

表6-9 分部分项工程量表

工程名称:办公楼

序号	项目编码	项目名称	项目特征	计量单位	工程量

第七章　砌筑工程

【实训项目、要求与评价】

实训项目与要求	
实训项目	实训要求
实训项目一　基础理论	了解砖基础与砖墙的划分； 掌握各种砌体长、宽、高的计算方法； 掌握各种砌体计算规则； 掌握零星砌体的计算方法
实训项目二　编制定额工程量计算书	根据图纸、施工方案、定额规定,准确列项并计算工程量
实训项目三　编制工程量清单	根据图纸、施工方案、工程量清单规则,准确列项并计算工程量
项目重点	
准确列项,熟悉清单和定额计算规则,准确计算工程量	
实训效果、评价与建议	
教学评价	教学方法　□好　□中　□差
	教学内容　□好　□中　□差
成绩评定	□优　　□良　　□中　　□及格　　□不及格
教学建议	

实训项目一　基础理论

👉 **引导1**：砌筑工程是指利用砂浆将砖、石、砌块墙、基础等砌成所需的形状,如墙、基础等砌体。

砌筑工程具有取材方便,施工简单,成本低廉,历史悠久,劳动量、运输量大,生产效率低,浪费土地等特点。砌体结构建筑中墙体如何分类呢?

1. 区分承重墙、非承重墙、填充墙

在砌体结构建筑中,墙按_____分为承重墙和非承重墙两种。_____直接承受楼板、屋顶传下来的荷载及水平风荷载及地震作用;_____不承受外来荷载,它可以分为_____和_____;_____墙仅承受本身重力,并把自重传给基础;_____则把自重传给楼板层;在框架结构中,墙不承受外来荷载,自重由框架承受,墙仅起分隔作用,称为框架_____墙。

2. 按墙所处位置及方向分类

墙按所处位置分为_____和_____。_____位于房屋的四周,能抵抗大气侵袭,保证内部空间舒适;_____位于房屋内部,主要起分隔内部空间的作用。

墙按方向又可分为_____和_____。沿建筑物长轴方向布置的墙称为_____;沿建筑物短轴方向布置的墙称为_____,房屋有内横墙和外横墙,外横墙通常称为_____。墙的名称如图7-1所示。

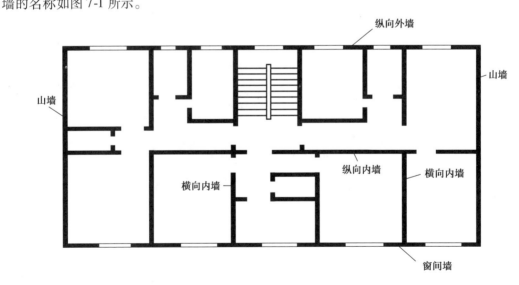

图7-1　墙的名称

3. 按材料及构造方式分类

墙按构造方式可以分为_____墙、_____墙和_____墙3种。

_____墙由单一材料组成,如普通砖墙、实心砌块墙等;_____墙是由一材料砌成内部空腔,如空斗砖墙,也可用有孔洞的材料建造墙,如空心砌块墙等;_____墙由两种以上材

料组合而成。

👉 引导2：砖墙和砌块墙是常见的墙体类型。圈梁、过梁、构造柱是砖混结构常用的构造措施。你对它们了解多少？

1. 砖墙的材料

砖分为_____三大类。

砌墙砂浆常用_____砂浆。

2. 砖墙的厚度

标准砖的规格为_____ mm × _____ mm × _____ mm，用砖块的长、宽、高作为砖墙厚度的基数，在错缝或墙厚超过砖块尺寸时，均按灰缝_____ mm 进行组砌。墙厚和砖规格的关系如图7-2 所示。

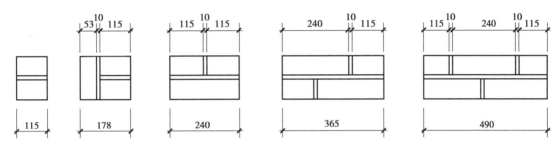

图7-2　墙厚与砖规格的关系

3. 砌块墙

目前各地广泛采用的材料有_____等。我国各地生产的砌块，其规格、类型极不统一，但从使用情况看，以_____型砌块居多，如图7-3 所示。

 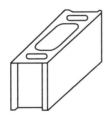 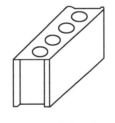 

（a）单排方孔　　　（b）单排方孔　　　（c）单排圆孔　　　（d）多排扁孔

图7-3　空心砌块的形式

4. 圈梁与过梁

（1）圈梁是沿房屋_____的梁。它的作用是增加墙体的_____，加强房屋的空间刚度及_____，防止由于基础的不均匀沉降、震动荷载等引起的墙体开裂，提高房屋_____性能。

圈梁常设于_____处。圈梁的具体设置位置与圈梁的设置数量有关，圈梁应连续地设在同一水平面上，并形成_____（见图7-4）。

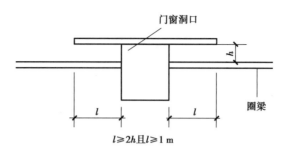

门窗洞口

$l \geq 2h$ 且 $l \geq 1\,m$

图 7-4　附加圈梁的长度

（2）为了承受门窗洞口＿＿＿＿＿＿＿＿＿＿＿＿＿的重力和＿＿＿＿＿＿＿＿＿＿＿
传来的荷载，在＿＿＿＿＿＿＿＿＿＿＿＿＿＿＿＿＿＿＿＿＿＿＿＿＿＿＿＿＿＿＿＿＿
上沿设置的梁称为过梁，如图 7-5 所示为预制钢筋混凝土过梁。过梁分＿＿＿＿＿＿＿＿＿
＿＿＿＿＿＿＿＿＿＿＿＿＿两类。

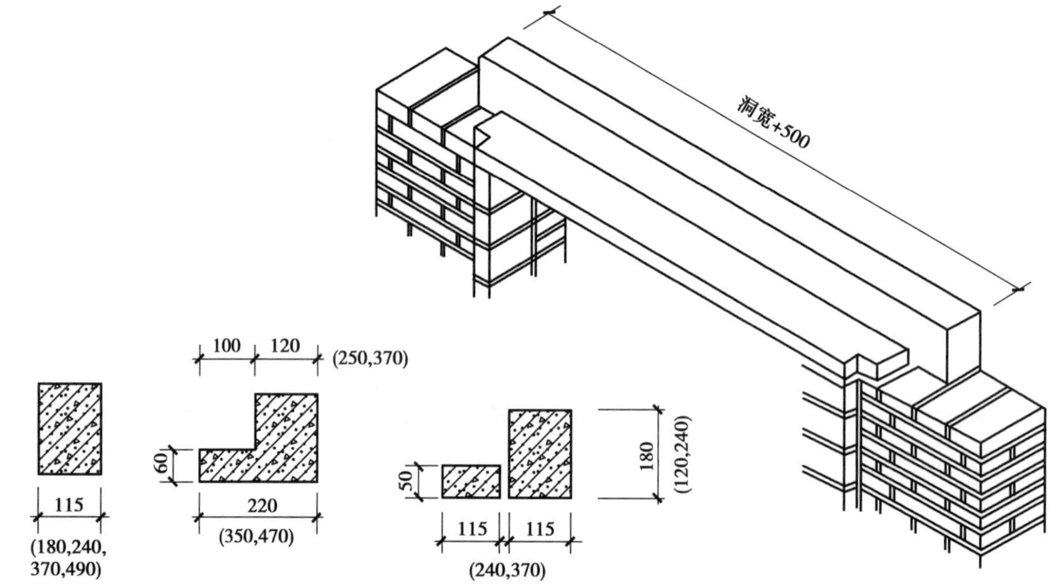

洞宽+500

100　120　(250,370)

180　(120,240)

60

220　(350,470)

50

115　(180,240,370,490)

115　115　(240,370)

（a）矩形截面　　（b）L形截面　　　　（c）组合式截面

图 7-5　预制钢筋混凝土过梁

5.构造柱

构造柱是指＿＿＿＿＿＿＿＿＿＿＿＿＿＿＿＿＿＿＿＿＿＿＿＿＿，主要作用是与＿＿＿＿＿＿共
同形成空间骨架，以增加房屋的＿＿＿＿＿＿，提高＿＿＿＿＿＿能力。

构造柱在施工时，应先＿＿＿＿＿＿＿＿＿＿＿＿＿＿并留＿＿＿＿＿＿＿，随着墙体的上升，逐段浇注钢
筋混凝土构造柱，构造柱混凝土强度等级一般为＿＿＿＿＿＿＿（见图 7-6）。

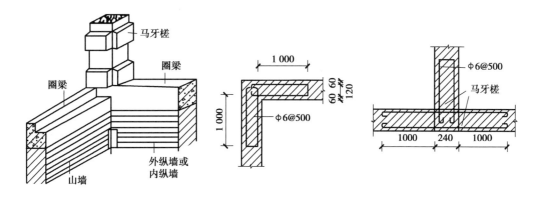

图7-6　构造柱

6. 勒脚、明沟和散水

（1）_____墙身下部靠近_____的部分称为勒脚。勒脚具有防止机械碰伤,防止雨水侵蚀而造成的墙体风化,并有_____等作用(见图7-7)。

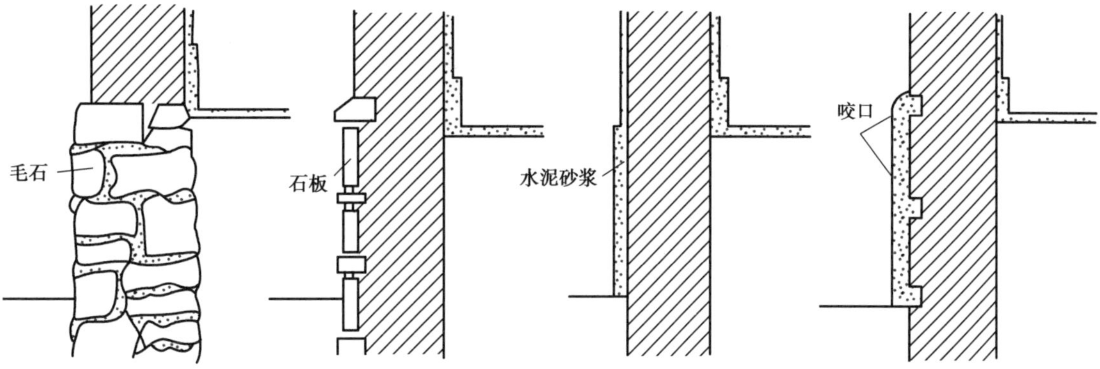

（a）毛石勒脚　　（b）石板贴面勒脚　　（c）抹灰勒脚　　（d）带咬口抹灰勒脚

图7-7　勒脚

（2）明沟又称为_____,位于建筑物_____的四周,其作用是通过_____流下的屋面雨水有组织地导向地下_____而流入_____。

（3）散水是指_____,其作用是迅速排除从屋檐滴下的_____,防止因积水渗入_____而造成建筑物的_____。

明沟和散水的材料用混凝土现浇或用砖石等材料铺砌而成(见图7-8)。

7. 台阶与坡道

（1）室外台阶由_____组成,有单面踏步(一出)、双面踏步、三面踏步(三出)、带垂直面(或花池)、曲线形和带坡道等形式(见图7-9)。

室外台阶是解决室内外_____的交通设施,其坡度一般较平缓,每级台阶高度为120 ~ 150 mm,宽度最好为300 ~ 400 mm。室外台阶的尺度要求如图7-10所示。

（2）坡道可和_____结合应用,如正面做_____,两侧做坡道(图7-11)。

坡道的坡段宽度每边应大于门洞口宽度至少_____mm,坡段的出墙长度取决于室内外地面高差和坡道的_____大小。

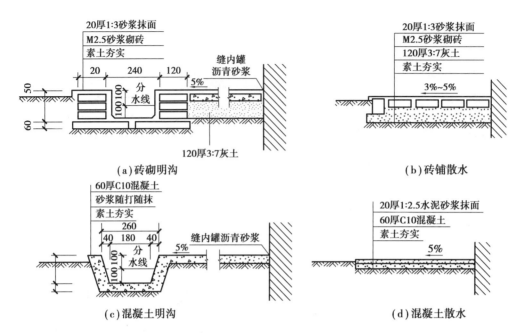

图 7-8　明沟和散水

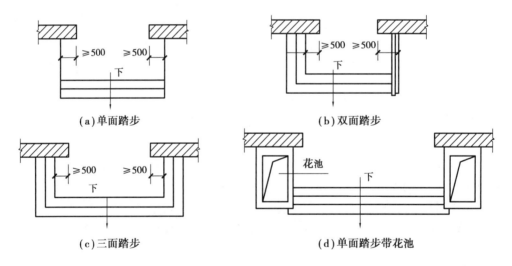

图 7-9　室外台阶形式

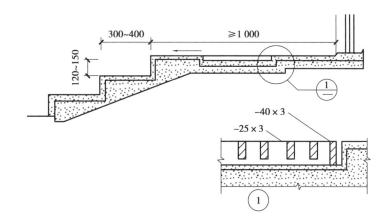

图 7-10　室外台阶的尺度要求

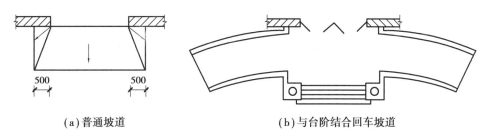

（a）普通坡道　　　　　　　　（b）与台阶结合回车坡道

图 7-11　坡道的形式

当坡度大于 1/8 时，坡道表面应做_____处理，一般将坡道表面做成锯齿形或设防滑条防滑（图 7-12），也可在坡道的面层上做划格处理。

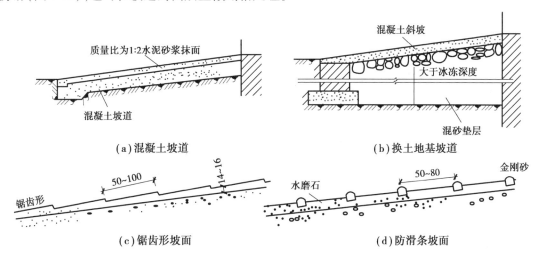

（a）混凝土坡道　　　　　　　　（b）换土地基坡道

（c）锯齿形坡面　　　　　　　　（d）防滑条坡面

图 7-12　坡道构造

👉 **引导3**：自主学习后完成下列习题。

1.图示下列基本概念

（1）砖基础

（2）砖墙

（3）零星砌体

2.计算规则填空

（1）砖基础按设计图示尺寸以_____计算。包括附墙垛基础宽出部分体积；扣除地梁（圈梁）、_____所占体积；不扣除基础大放脚_____处的重叠部分及嵌入基础内的钢筋、铁管道、基础砂浆防潮层和单个面积_____以内的孔洞所占体积；靠墙暖气沟的挑檐不增加。

（2）砖墙体按设计图示尺寸以_____计算。扣除门窗洞口、过人洞、空圈、嵌入墙内的钢筋混凝土_____、_____、_____、_____、_____及凹进墙内的壁龛、管槽、暖气槽、消火栓箱所占体积；不扣除_____、_____、_____、垫木、木楞头、檐缘木、木砖、门窗走头、砖墙内加固钢筋、木筋、铁件、钢管及单个面积0.3 m³以内的孔洞所占体积；凸出墙面的腰线挑檐、压顶、窗台线、虎头砖、门窗套的体积也不增加；凸出墙面的砖垛_____墙体体积内计算。

3.单项选择题

（1）计算砖基础工程量时应扣除单个面积在（　　　）以上的孔洞所占面积。

    A.0.15 m²   B.0.3 m²   C.0.45 m²   D.0.6 m²

（2）计算墙体砌砖工程量时，扣除的内容有（　　　）。

    A.埋入的钢筋铁件   B.0.3 m²以下的孔洞

    C.梁头、板头   D.构造柱

（3）砖基础工程量计算中，应扣除（　　　）的体积。

    A.嵌入基础内的钢筋混凝土柱

B. 嵌入基础内的铁件

C. 单个面积在 0.3 m² 以内的孔洞

D. 嵌入基础内的防潮层

（4）下列关于砖基础工程量计算中的基础与墙身的划分,正确的是(　　　)。

A. 以设计室内地坪为界(包括有地下室建筑)

B. 基础与墙身使用材料不同时,以材料界面为界

C. 基础与墙身使用材料不同时,以材料界面另加 300 mm 为界

D. 围墙基础应以设计室外地坪为界

（5）在砌筑墙体工程量的计算中,应扣除(　　　)。

A. 0.3 m² 门窗洞口　　B. 垫木　　　　　C. 梁头　　　　　D. 圈梁

（6）标准砖物体,计算厚度时(　　　)。

A. 1/4 砖取 55 mm　　　　　　　　B. 1/2 砖取 115 mm

C. 3/4 砖取 185 mm　　　　　　　　D. 3/2 砖取 370 mm

（7）标准砖 1/4 砖墙的墙厚按(　　　)计算。

A. 53 mm　　　　B. 115 mm　　　　C. 120 mm　　　　D. 105 mm

（8）一砖半厚的标准砖墙,计算工程量时,墙厚取值为(　　　)mm。

A. 370　　　　　B. 360　　　　　C. 365　　　　　D. 355

（9）内墙工程量和外墙工程量长度应分别按(　　　)计算。

A. 外边线、中心线　　　　　　　　B. 中心线、净长线

C. 内边线、中心线　　　　　　　　D. 净长线、中心线

（10）砌筑附墙烟囱、通风道……量,按(　　　)计算,并入所依附的墙体工程量内。

A. 外形体积　　　　　　　　C. 横截面乘高　　　D. 均不对

（11）底层框架填充墙高度

A. 自室内地坪至框架梁顶

B. 自室内地坪至框架梁底

C. 自室内地坪算至上层屋面板或楼板顶面,扣除板厚

D. 自室内地坪至上层屋面板或楼板顶面

（12）有一段两砖厚墙体,长 8 m,高 5 m,开有门窗洞口,总面积为 6 m²,两个通风洞口各为0.25 m²,门窗洞口上的钢筋混凝土过梁总体积为 0.5 m³,则该段墙体的砌砖工程量为(　　　)m³。

A. 16.5　　　　　B. 16.16　　　　C. 15.92　　　　D. 16.75

（13）在计算砖砌体工程量时,山墙高取(　　　)计算。

A. 檐口高　　　　　　　　　　B. 脊高

C. 檐高与脊高的平均值　　　　　D. 檐高 + 1.0 m

（14）在计算砖烟囱、水塔工程量时,对孔洞的处理是(　　　)。

A. 0.3 m² 以上扣除　　　　　　　B. 0.3 m² 以下扣除

C. 全扣除　　　　　　　　　　　D. 全不扣除

(15)根据《房屋建筑与装饰工程工程量计算规范》(GB 50854—2013),零星砌砖项目中台阶工程量的计算,正确的是( )。

    A.按实砌体积并入基础工程量中计算

    B.按砌筑纵向长度以 m 计算

    C.按水平投影面积以 m² 计算

    D.按设计尺寸体积以 m³ 计算

4.多项选择题

(1)砖砌体工程量按"座"计算的是( )。

    A.砖窨井   B.检查井   C.化粪池

    D.砖水池   E.散水

(2)空斗墙工程量以其外形体积计,墙内的实砌部分中并入空斗墙体积的是( )。

    A.墙角   B.门窗洞口立边   C.楼板下实砌

    D.内外墙交接处   E.屋檐处

(3)根据《房屋建筑与装饰工程工程量计算规范》(GB 50854—2013),砖基础砌筑工程量按设计图示尺寸以体积计算,但应扣除( )。

    A.地梁所占体积   B.构造柱所占体积

    C.嵌入基础内的管道所占体积   D.砂浆防潮层所占体积

    E.圈梁所占体积

(4)实心砖墙工程量的计算中,应扣除的内容有( )。

    A.圈梁   B.门窗洞口   C.梁头

    D.消火栓箱所占体积 E.门窗走头

(5)以下应按零星砌砖项目编码列项的是( )。

    A.花池   B.台阶   C.梯带   D.楼梯栏板   E.砖烟囱

5.判断题

(1)基础与墙身的划分以室外标高为界。   (   )

(2)计算砖基础工程量时,应扣除 T 形接头大放脚重叠部分体积。 (   )

(3)建筑物墙体上的腰线不计算工程量。   (   )

(4)平屋面外墙身高度应算至钢筋混凝土板底。   (   )

(5)女儿墙砌砖套用砖墙定额项目。   (   )

实训项目二　编制定额工程量计算书

☞ **引导 1**:常见的砌筑工程计算包括砖基础、砖砌体、砌块砌体、砖散水、砖地沟等内容。这些项目如何计算工程量?《2013 清单计价规范》与定额计算规则是否相同?

(1)砖墙计算时哪些是应扣除的体积? 哪些体积不可以扣除?

(2)砖基础与墙身如何划分?

(3)如何确定基础垫层长? 它与砖基础同长? 为什么?

(4)墙身的长度、高度、厚度如何确定?

(5)如何计算女儿墙工程量?

(6)零星项目包括哪些?

引导2:识读附录办公楼图纸,对办公楼分部分项工程选套定额,填入"分部分项工程量表"(表7-1),然后在"工程量计算表"(表7-2)中计算各自的工程量,并将工程量填入"分部分项工程量表"。计算式应条理清晰,书写工整,可适当用文字注明计算部位。

表 7-1　分部分项工程量表

工程名称：

序号	定额编码	定额名称	定额单位	工程量
		A.3 砌筑工程		

表 7-2 工程量计算表

工程名称：

项目名称	工程量计算式	工程量	单 位
	A.3 砌筑工程		

引导3：

【知识巩固和拓展】

根据《2013 广西定额》，完成下列题目的定额工程量计算。

某单层框架结构建筑物如图 7-13 所示，已知层高 4.2 m，混水砖墙，内外墙厚均为 240 mm，框架梁尺寸为 240 mm×500 mm，板厚 100 m。塑钢窗尺寸：C1 为 1 500 mm×2 100 mm，C2 为 2 400 mm×2 100 mm。塑钢门尺寸：M1 为 100 m×300 mm，M2 为 1 500 mm×300 mm，M3 为 200 mm×300 mm，试列项并计算砌体工程量（完成表 7-3 和表 7-4）。

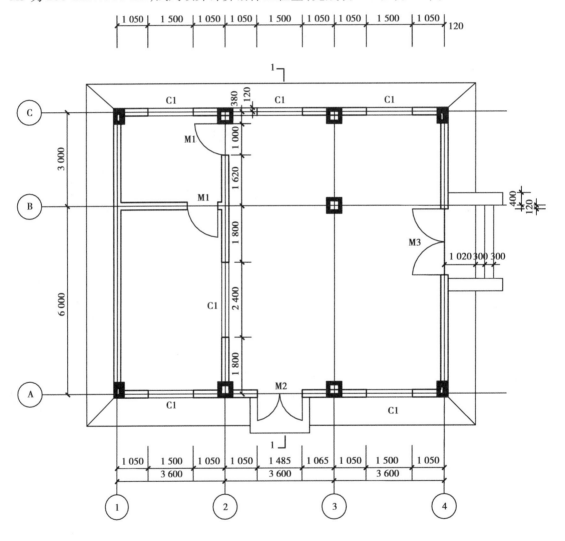

一层平面图　1:100

图 7-13　某建筑一层平面图

表 7-3　分部分项工程量表

序号	定额编码	定额名称	定额单位	工程量
		A.3 砌筑工程		

表7-4　工程量计算表

项目名称	工程量计算式	工程量	单　位

实训项目三 编制工程量清单

👉引导:识读附录办公楼图纸,编制砌筑工程的工程量清单,并填入"分部分项工程量表"(表7-5)中。

表7-5 分部分项工程量表

工程名称:

序号	项目编码	项目名称	项目特征	计量单位	工程量

第八章　土(石)方工程

【实训项目、要求与评价】

实训项目与要求	
实训项目	实训要求
实训项目一　基础理论	掌握土壤类别的划分； 了解地质报告中土壤类别的划分； 掌握挖土深度、工作面、放坡系数的计算,根据基础大样图、定额规则计算挖土深度
实训项目二　编制定额工程量计算书	根据图纸、施工方案、定额规定,准确列项并计算工程量
实训项目三　编制工程量清单	根据图纸、施工方案、工程量清单规则,准确列项并计算工程量
项目重点	
准确列项,熟悉清单和定额计算规则,准确计算工程量	
实训效果、评价与建议	
教学评价	教学方法　　□好　　□中　　□差
	教学内容　　□好　　□中　　□差
成绩评定	□优　　□良　　□中　　□及格　　□不及格
教学建议	

实训项目一　基础理论

👉引导1:常见土石方工程有场地平整、基坑(槽)与管沟开挖、土壁支护、施工排水、降水、路基填筑以及基坑回填等内容。以上内容是如何进行施工的? 你了解相关规定吗?

(1)土方开挖难易程度直接影响其施工方案、劳动量消耗和工程费用。按开挖的难易程度,土石方工程可以分为几类?

(2)常见的挖掘机械有哪几种类型?

挖掘机械有正铲、反铲、拉铲、抓铲挖土机等,如图8-1所示。

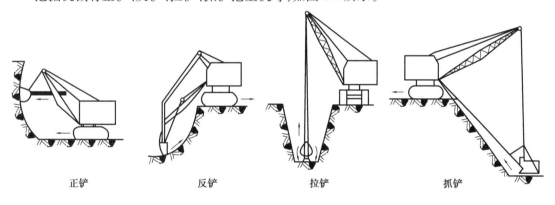

| 正铲 | 反铲 | 拉铲 | 抓铲 |

图8-1　挖掘机械

挖运机械:_____、_____、_____。

运输机械:_____、_____、_____。

密实机械:_____、_____、_____。

【知识链接】

土方机械化施工常用机械有推土机、铲运机、挖掘机(包括正铲、反铲、拉铲、抓铲等)、装载机、各种碾压和夯实机械等。

•推土机

推土机开挖的基本作业是铲土、运土和卸土3个工作行程和空载回驶行程。其特点是操作灵活、运转方便、需工作面小,可挖土、运土,易转移,行驶速度快,应用广泛。

•铲运机

铲运机是一种能独立完成铲土、运土、卸土、填筑、整平的土方机械。其特点是操作简单、灵活,不受地形限制,不需特设道路,准备工作简单,行驶速度快,易于转移;需用劳动力少、生产效率高,在土方工程中常应用于大面积场地平整、开挖大型基坑、填筑堤坝和路基等。

● 单斗挖土机

单斗挖土机是土方开挖常用的一种机械,按其行走装置的不同,分为履带式和轮胎式两类;按其工作装置的不同,分为正铲、反铲、拉铲和抓铲4种。

● 碾压法施工机械

碾压法施工机械有平碾和羊足碾。平碾(光碾压路机)是一种以内燃机为动力的自行式压路机,质量为6~15 t。平碾适用于碾压黏性和非黏性土;羊足碾一般用于碾压黏性土,不适用于砂性土,因其在砂土中碾压时,土的颗粒受到羊足较大的单位压力后会向四面移动而使土的结构被破坏。

● 夯实法施工机械

夯实法是利用夯锤自由下落的冲击力来夯实土。人工夯实常用的机具有木夯、石夯等;机械夯实常用的有内燃夯土机、蛙式打夯机和夯锤等。

(3)挖基坑、挖基槽、挖土方如何划分?试完成表8-1内容。

表8-1 挖基坑、挖基槽、挖土方工程量表

条件项目	坑底面积/m²	槽底宽度/m
人工挖基坑		
人工挖基槽		
人工挖土方		

(4)放坡是施工中较常用的一种措施。为什么要放坡?如何放坡?试完成表8-2内容。

表8-2 放坡工程量

土壤类别	放坡起点深度/m	人工挖土(1:K)	机械挖土(1:K)	
			坑内作业	坑上作业
普通土(一、二类土)				
坚土(三类土)				
砂砾坚土(四类土)				

(5)什么是放坡系数K?如何表示?图8-2中H和B分别代表什么?

图8-2 基槽断面

👉 引导2:自主学习后完成下列习题。

1. 图示下列基本概念

(1)平整场地、挖基坑、挖基槽

(2)工作面、放坡起点、放坡系数、挡土板

2. 单项选择题

(1)根据《2013广西定额》规定,某土体底部尺寸为4 m×4 m,挖土深1.6 m,该土体开挖应按( )列项目计算。

    A. 挖基坑   B. 挖沟槽   C. 挖土方   D. 平整场地

(2)某墙下条形基础埋深1.8 m,底宽为1.6 m,每边各加工作面为20 cm,放坡系数为1:0.5,则该沟槽上口宽为( )。

    A. 5.4 m   B. 3.8 m   C. 4.6 m   D. 9.2 m

(3)根据《2013广西定额》,挖沟槽的长度,内墙按( )计算。

    A. 沟槽槽底净长   B. 基底之间净长

    C. 垫层底之间净长   D. 外墙内侧之间净长

(4)按《2013广西定额》,桩间净距小于( )倍桩径(或桩边长)的,人工挖桩间土方(包括土方,沟槽、基坑)按相应子目的人工乘以系数1.25。

    A. 2   B. 3   C. 4   D. 5

(5)土方体积均以挖掘前的( )为准计算。

    A. 天然密实体积   B. 松填体积   C. 虚方体积   D. 夯实后体积

(6)一外径为400 mm的排水管道沟,沟底宽为0.8 m,挖深2.0 m,放坡系数为1:0.5,此管道沟每延长米的土方回填量为( )。

    A. 9.47 m³   B. 9.6 m³   C. 3.47 m³   D. 3.6 m³

(7)根据《2013广西定额》,建筑物场地原土碾压以( )计算,填土碾压按图示填土厚度以( )计算。

    A. m²   B. m³   C. m   D. mm

(8)计算挖沟槽、基坑、土方工程量需放坡,且原槽、坑作基础垫层时,放坡自( )开始计算。

    A. 垫层下表面   B. 垫层上表面   C. 垫层中部   D. 垫层最厚处

(9)施工图预算中人工挖土深度以( )为起点。

    A. 设计室内地坪   B. 设计室外标高   C. 实际室内地坪   D. 实际室外标高

(10)平整场地是指工程动土开工前,对施工现场( )cm以内高低不平的部位进行就

地挖、运、填和找平。

    A. ±25   B. ±30   C. ±45   D. ±60

(11)根据工程量清单规则平整场地时,工程量按建筑物(　　)以 m² 计算。

    A. 首层建筑面积   B. 外墙每边各加 1.5 m

    C. 外墙每边各加 2 m   D. 外墙每边各加 3 m

(12)人工挖地槽是指槽长大于等于槽宽(　　)倍,且槽底宽度小于等于 3 m。

    A. 1   B. 2   C. 3   D. 4

(13)凡图示沟槽底宽 7m 以外,坑底面积大于 150 m²,平整场地挖土厚度在(　　)cm 以外,则称挖土方。

    A. 10   B. 20   C. 30   D. 45

(14)挖土方体积一般按(　　)计算。

    A. 挖掘前的天然密实体积   B. 夯实后体积

    C. 松填体积   D. 虚方体积

(15)以下有关回填土工程量的计算不正确的是(　　)

    A. 基础回填土体积 = 挖土体积室外地坪标高以下埋设物的体积

    B. 室内回填土体积 = 底层主墙间净面积 ×(室内外高差 − 地坪厚度)

    C. 室内回填土 − 底层主墙间净面积 × 室内外高差

    D. 管道沟槽回填土体积 = 管道沟槽挖土体积 − 管井 500 mm 以上的管道所占体积

3. 多项选择题

(1)挖基础土方通常包括(　　)等的挖方。

    A. 挖一般土方   B. 挖沟槽土方   C. 挖基坑土方   D. 边坡支护

(2)挖土方放坡系数的确定,与(　　)因素有关。

    A. 土壤类别   B. 施工方法   C. 定额消耗量   D. 放坡起点

(3)挖沟槽土方时,沟槽的长度按(　　)计算。

    A. 外墙沟槽按外墙中心线长度   B. 内墙沟槽按内墙中心线长度

    C. 外墙沟槽按外墙外边线   D. 内墙沟槽按内墙净长线

4. 判断题

(1)建筑场地厚度≥300 mm 的挖、填、运、找平,按平整场地计算。　　(　　)

(2)土方放坡宽度的确定为 *KH*。　　(　　)

(3)三类土,土方放坡的起点深度为 1.5 m,挖土深度正好 1.5 m 时不放坡。　　(　　)

(4)挖土工程量等于回填土工程量。　　(　　)

实训项目二 编制定额工程量计算书

引导1:常见的土石方工程计算项目包括平整场地、土石方开挖、土石方回填、土方运输等。这些项目如何计算工程量?

(1)平整场地的定额工程量如何计算?

(2)挖基坑、基槽土方定额工程量如何计算? 是否需要考虑放坡?

(3)几种回填土的定额工程量计算规则相同吗? 如何计算?

(4)土方外运的定额工程量如何计算?

引导2:识读附录办公楼图纸,对办公楼分部分项工程选套定额,填入"分部分项工程量表"(表8-3),然后在"工程量计算表"(表8-4)中计算各自的工程量,并将工程量填入"分部分项工程量表"。计算式应条理清晰,书写工整,可适当用文字注明计算部位。

表8-3 分部分项工程量表

工程名称:

序号	定额编码	定额名称	定额单位	工程量
		A.1 土石方工程		

表8-4 工程量计算表

工程名称：

项目名称	工程量计算式	工程量	单 位
	A.1 土石方工程		

👉 引导3:

【知识巩固和拓展】

根据《2013 广西定额》,完成下列题目的定额工程量计算。

如图 8-3 所示的某建筑物基础平面图和剖面图,已知挖土深度为 1.5 m,土壤类别为二类土,采用人工开挖,放坡自垫层下表面开始,室外设计地坪以下各种工程量为:混凝土垫层体积 2.4 m³,砖基础体积 16.24 m³。已知地面厚度为 150 mm,土方运距为 50 m,回填土采用夯填。试列出该建筑物 A.1 土(石)方工程各分项工程的定额编码和名称,并计算工程量(完成表 8-5 和表 8-6)。

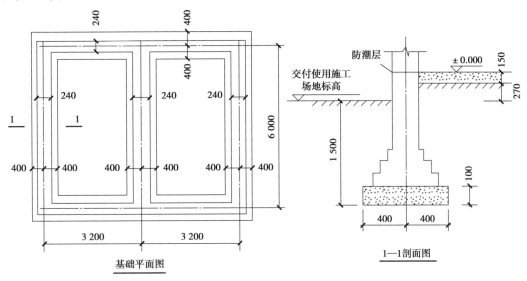

图 8-3 某建筑基础平面图和剖面图

表 8-5 分部分项工程量表

序号	定额编码	定额名称	定额单位	工程量
		A.3 砌筑工程		

表8-6 工程量计算表

项目名称	工程量计算式	工程量	单 位

实训项目三 编制工程量清单

👉引导1:请同学们对照土(石)方工程的清单和定额,写出它们的异同点。

👉引导2:识读附录办公楼图纸,编制土(石)方工程的工程量清单,并填入"分部分项工程量表"(表8-7)中。

表8-7 分部分项工程量表

工程名称:

序号	项目编码	项目名称	项目特征	计量单位	工程量

第九章 屋面防水工程和保温、隔热、防腐工程

【实训项目、要求与评价】

实训项目与要求	
实训项目	实训要求
实训项目一 基础理论	掌握屋面及防水计算规则； 掌握其他部分防水计算规则； 掌握保温隔热工程计算规则
实训项目二 编制定额工程量计算书	根据图纸、施工方案、定额规定，准确列项并计算工程量
实训项目三 编制工程量清单	根据图纸、施工方案、工程量清单规则，准确列项并计算工程量
项目重点	
准确列项，熟悉清单和定额计算规则，准确计算工程量	
实训效果、评价与建议	
教学评价	教学方法　□好　□中　□差
	教学内容　□好　□中　□差
成绩评定	□优　　□良　　□中　　□及格　　□不及格
教学建议	

实训项目一 基础理论

👉 **引导:** 自主学习后完成下列习题。

1.名词解释

(1)平屋顶

(2)坡屋顶

(3)屋面坡度系数及其作用

2.填空题

(1)瓦、型材屋面按_____计算。不扣除房上烟囱、风帽底座、风道、小气窗、斜沟等所占面积,小气窗的出檐部分_____面积。

(2)屋面卷材防水,按设计图示尺寸以_____计算。斜屋顶(不包括平屋顶找坡)按斜面积计算,平屋顶按_____面积计算。不扣除房上烟囱、风帽底座、风道、屋面小气窗和斜沟所占面积。屋面的_____等处的弯起部分,并入屋面工程量内。

(3)卷材防水,按设计图示尺寸以_____计算。地面防水,按主墙间净空面积计算;扣除凸出地面的构筑物、设备基础等所占面积;不扣除间壁墙及单个_____以内的柱、垛、烟囱和孔洞所占面积。

(4)墙基防水,外墙按_____,内墙按_____乘以宽度计算。

3.单项选择题

(1)卷材屋面女儿墙处弯起部分工程量,图纸无规定时,可按(   )计算。

    A.上弯 500 mm   B.上弯 250 mm   C.上弯 300 mm   D.上弯 150 mm

(2)地下室平面与立面交接处的防水层,上翻高度超过(   )mm 时按照里面防水层计算。

    A.250   B.300   C.500   D.1 000

(3)保温隔热层工程量计算,除另外规定者外,清单中均按(   )计算。

    A.实铺厚度   B.实铺面积   C.实铺体积   D.实铺层数

(4)建筑防水工程中,变形缝工程量(　　)。

  A.按 m^2 计算   B.不计算   C.按 m 计算   D.视情况而定

(5)按《房屋建筑与装饰工程工程量计算规范》(GB 50854—2013),下列关于屋面卷材防水工程量的计算叙述正确的是(　　)。

  A.平屋顶按实际面积计算

  B.斜屋面按水平投影面积计算

  C.平屋顶和斜屋顶均按水平投影面积计算

  D.斜屋顶按斜面积计算

4.多项选择题

(1)计算屋面面积时,不扣除(　　)等所占面积。

  A.房上烟囱   B.风帽底座   C.风道   D.屋面小气窗

(2)建筑物地面防水、防潮层,按主墙间净面积计算,不扣除(　　)所占面积。

  A.柱   B.垛   C.间壁墙   D.烟囱

(3)计算建筑物地面防水、防潮工程量时,下列说法正确的是(　　)。

  A.按主墙间的净面积计算

  B.扣除凸出地面的构筑物、设备基础等所占面积

  C.应扣除 $0.3\ m^2$ 以内的孔洞、柱所占面积

  D.在墙面连接处高度在 500 mm 以内时,按展开面积计算并入平面工程量

(4)在防水卷材定额中已包括,不需再计算的是(　　)。

  A.刷冷底子油 B.附加层   C.收头、接缝 D.变形缝

5.判断题

(1)偶延尺系数是计算屋面斜脊长度的。   (　　)

(2)计算屋面卷材防水工程量应包括天窗弯起部分。   (　　)

(3)立面防腐工程砖垛等凸出部分按展开面积并入墙面积内计算。 (　　)

(4)根据定额规则,保温隔热层应按不同材料以 m^2 计算。   (　　)

(5)建筑物墙基防水、防潮层工程量按体积计算。   (　　)

实训项目二 编制定额工程量计算书

  引导1:识读附录办公楼图纸,对办公楼分部分项工程进行选套定额,填入"分部分项工程量表"(表9-1),然后在"工程量计算表"(表9-2)中计算各自的工程量,并将工程量填入"分部分项工程量表",计算式应条理清晰,书写工整,可适当用文字注明计算部位。

表 9-1 分部分项工程量表

工程名称：

序号	定额编码	定额名称	定额单位	工程量
		A.7 屋面防水工程		
		A.8 保温、隔热及防腐工程		

表 9-2 工程量计算表

工程名称：

项目名称	工程量计算式	工程量	单 位
	A.7 屋面防水工程		
	A.8 保温、隔热及防腐工程		

引导2：

【知识巩固和拓展】

根据《2013 广西定额》，完成下列定额工程量计算（完成表9-3）。

（1）某建筑外墙轴线尺寸7.2 m×4.8 m，墙厚均为240 mm，女儿墙高出屋面板500 mm，涂膜时遇女儿墙上翻300 mm，试列项并求该屋面涂膜防水工程量。

表9-3　分部分项工程量表

序号	定额编码	定额名称	工程量计算表	计量单位	工程量

（2）有一屋面小气窗的四坡西班牙瓦屋面（310 mm×310 mm×15 mm），尺寸及坡度如图9-1所示，列项并计算瓦屋面定额工程量、屋脊工程量（完成表9-4）。

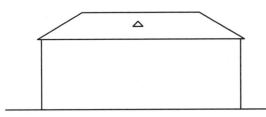
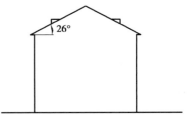
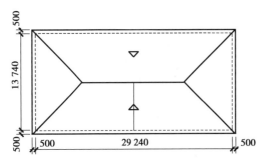

图9-1　带气窗四坡屋面示意图

表9-4 分部分项工程量表

序号	定额编码	定额名称	工程量计算表	计量单位	工程量

实训项目三 编制工程量清单

👉 引导:识读附录办公楼图纸,编制屋面防水工程和保温、隔热及防腐工程的工程量清单,并填入"分部分项工程量表"(表9-5)中。

表9-5 分部分项工程量表

工程名称:办公楼

序号	项目编码	项目名称	项目特征	计量单位	工程量

第十章　装饰装修工程

【实训项目、要求与评价】

实训项目与要求	
实训项目	实训要求
实训项目一　基础理论	掌握楼地面计算规则与计算方法； 掌握墙、柱面计算规则与计算方法； 掌握天棚计算规则与计算方法； 掌握门窗、油漆、裱糊工程量计算规则
实训项目二　编制定额工程量计算书	根据图纸、施工方案、定额规定,准确列项并计算工程量
实训项目三　编制工程量清单	根据图纸、施工方案、工程量清单规则,准确列项并计算工程量
项目重点	
准确列项,熟悉清单和定额计算规则,准确计算工程量	
实训效果、评价与建议	
教学评价	教学方法　□好　□中　□差
	教学内容　□好　□中　□差
成绩评定	□优　□良　□中　□及格　□不及格
教学建议	

实训项目一　基础理论

👆**引导**:熟悉广西现行建筑装饰装修工程费用定额组成,掌握装饰装修工程费用的计算。

熟悉《2013 广西定额》和《建筑工程工程量计算规范广西壮族自治区实施细则》(2013 年修订本),完成以下习题。

1.简答题

(1)地面工程主要包括哪些部分? 套用的定额子目有哪些?

(2)墙、柱面装饰主要包含哪些内容?

(3)天棚工程主要包括哪些内容?

(4)门窗工程主要包括哪些内容?

(5)油漆、涂料、裱糊主要包括哪些内容?

(6)其他装饰工程主要包括哪些内容?

2.单项选择题

(1)根据《2013 广西定额》的规定,楼地面工程中(　　　)项目不按面积计算工程量。

  A.踢脚线   B.找平层   C.楼梯防滑条   D.块料面层嵌边

(2)根据《2013 广西定额》的规定,楼梯踢脚线套用踢脚线子目,乘以系数(　　　)。

  A.1.1   B.1.15   C.1.2   D.1.25

（3）根据《2013 广西定额》的规定，楼梯抹灰工程量按水平投影面积计算，楼梯井宽在（　　）mm 以内不扣除。

A.200　　　　　　B.300　　　　　　C.400　　　　　　D.500

（4）根据《2013 广西定额》的规定，计算装饰工程楼地面整体面层工程量时，应扣除（　　）。

A.凸出地面的设备基础　　　　　　B.间壁墙

C.0.3 m² 以内附墙烟囱　　　　　　D.0.3 m² 以内的柱子

（5）根据《2013 广西定额》的规定，下列项目中套用楼地面零星抹灰项目的是（　　）。

A.楼梯侧面抹灰　　　　　　　　B.0.5 m² 以内少量分散的抹灰

C.台阶侧面抹灰　　　　　　　　D.小便池抹灰

（6）某房间层高3.6 m，吊顶高 3 m，楼板厚 100 mm，其内墙抹灰高度按（　　）计算。

A.3 m　　　　　　B.3.1 m　　　　　　C.3.3 m　　　　　　D.3.5 m

（7）根据《2013 广西定额》的规定，墙面块料面层高度在（　　）mm 以下为墙裙。

A.900　　　　　　B.1 000　　　　　　C.1 200　　　　　　D.1 500

（8）根据《2013 广西定额》的规定，天棚面层不在同一标高且面层标高高差在（　　）mm 以上者为跌级天棚。

A.100　　　　　　B.150　　　　　　C.200　　　　　　D.300

（9）根据《2013 广西定额》的规定，普通木门窗定额中已包括（　　）。

A.框扇、亮子的制作、安装

B.框扇、亮子的制作、安装和运输

C.框扇、亮子的制作

D.框扇、亮子的制作、安装、普通五金配件和人工

3.多项选择题

（1）根据《2013 广西定额》的规定，关于墙面抹灰的描述，正确的是（　　）。

A.扣除墙裙、装饰线条、零星抹灰所占面积

B.孔洞的侧壁及顶面抹灰并入外墙工程量内

C.展开宽度450 mm 的横竖线条抹灰

D.飘窗凸出外墙面增加的抹灰并入外墙工程量内

E.附墙柱、梁、垛、烟囱侧壁并入相应的墙面面积内

（2）根据《2013 广西定额》的规定，墙面抹灰面积计算中，下列（　　）面积不扣除。

A.门窗洞口侧壁　　　　　　B.空圈　　　　　　C.挂镜线

D.0.5 m² 的孔洞　　　　　　E.踢脚线

（3）根据《2013 广西定额》的规定，下列一般抹灰项目按"零星项目"列项计算的是（　　）。

A.壁柜抹灰　　　　　　B.暖气壁抹灰　　　　　　C.腰线抹灰

D.门窗套抹灰　　　　　　E.压顶抹灰

（4）根据《2013 广西定额》的规定，天棚吊顶装饰面层计算中，不扣除（　　）面积。

A.检查口　　　　　　B.间壁墙　　　　　　C.0.5 m² 的孔洞

D. 0.5 m² 的灯槽　　　　　　　　　E. 0.3 m² 的垛

(5)根据《2013 广西定额》的规定,下列关于天棚抹灰工程量计算描述错误的是(　　)。

　　A. 天棚抹灰面积,不扣除间壁墙、垛、柱所占的面积

　　B. 带梁天棚的梁两侧抹灰面积并入天棚面积内

　　C. 楼梯底面抹灰按楼梯水平投影面积计算

　　D. 天棚中的折线、灯槽线、圆弧形线等艺术形式的抹灰不增加

　　E. 圆形、拱形等天棚的抹灰面积按展开面积计算

(6)根据《2013 广西定额》的规定,下列关于天棚吊顶工程量描述错误的是(　　)。

　　A. 天棚吊顶龙骨应扣除单个 0.3 m² 以上的独立柱

　　B. 平面天棚吊顶不包括灯光槽的制作安装

　　C. 天棚检查孔的工料已包括在定额子目内,不另计算

　　D. 天棚基层水平投影面积以 m² 计算

　　E. 天棚面层应扣除单个 0.3 m² 与天棚相连的窗帘盒所占的面积

实训项目二　编制定额工程量计算书

引导1:识读附录办公楼图纸,对办公楼装饰装修工程部分(楼地面、墙柱面、天棚、门窗、油漆、涂料、裱糊工程和其他装饰工程)分部分项工程进行选套定额,填入"分部分项工程量表"(表10-1),然后在"工程量计算表"(表10-2)中计算各自的工程量,并将工程量填入"分部分项工程量表",计算式应条理清晰,书写工整,可适当用文字注明计算部位。

表 10-1　分部分项工程量表

工程名称:

序号	定额编码	定额名称	定额单位	工程量
		装饰装修工程 A.9—A.12		

表 10-2　工程量计算表

工程名称：

项目名称	工程量计算式	工程量	单　位
	装饰装修工程 A.9—A.12		

引导 2:

【知识巩固和拓展】

根据《2013 广西定额》,完成下列题目的定额工程量计算。

(1)如图 10-1 所示为某单层建筑平面图,墙厚均为 240 mm,轴线居墙中。地面做法为:素土夯实;60 mm 厚 C15 混凝土;素水泥浆结合层一遍;20 mm 厚 1:2 水泥砂浆抹面压光。计算水泥砂浆整体面层的工程量,并按《2013 广西定额》确定定额子目编号(完成表 10-3 和表 10-4)。

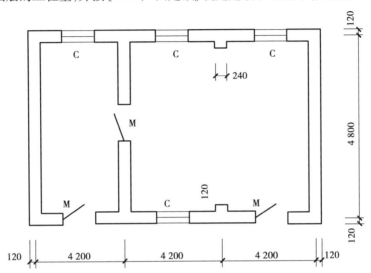

图 10-1　某单层建筑平面图(一)

表 10-3　分部分项工程量表

序号	定额编码	定额名称	定额单位	工程量

表 10-4　工程量计算表

项目名称	工程量计算式	工程量	单 位

(2)如图 10-2 所示为某单层建筑物平面图,层高 3.3 m,板厚 100 mm,Z1 面尺寸为 400 m ×400 mm。已知:木门 M1 尺寸 900 mm×2 100 mm,门框厚 90 mm;90 系列铝合金推拉窗 C1 尺寸 1 500 mm×1 800 mm,窗离地高度为 900 mm;门、窗均居墙中安装。内墙面做法为:15 mm 厚 1:1:6水泥石灰砂浆;5 mm 厚 1:0.5:3水泥石灰砂浆,面刷涂料;内墙裙做法为:17 mm 厚 1:3水泥砂浆;刷素水泥浆一遍;4 mm 厚 1:1水泥砂浆;300 mm×300 m 釉面砖,白水泥浆擦 缝,墙裙高 900 mm(窗台面不贴釉面砖)。计算该工程的内墙面装饰工程量,并按《2013 广西 定额》确定定额子目编号(完成表 10-5 和表 10-6)。

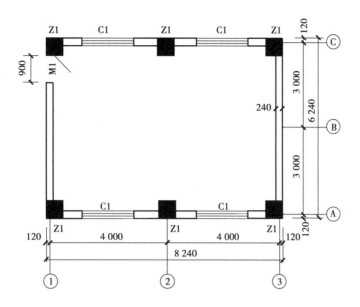

图 10-2 某单层建筑物平面图(二)

表 10-5 分部分项工程量表

序号	定额编码	定额名称	定额单位	工程量

表 10-6　工程量计算式

项目名称	工程量计算式	工程量	单　位

（3）某单层建筑平面、屋面结构布置如图 10-3 所示，板厚 100 mm，轴线居柱中。室内、挑檐天棚饰面做法为：5 mm 厚 1∶3 水泥砂浆，5 mm 厚 1∶2 水泥砂浆，表面刮成品泥子两遍。计算该工程的天棚面抹灰工程量，并按《2013 广西定额》确定定额子目编号。

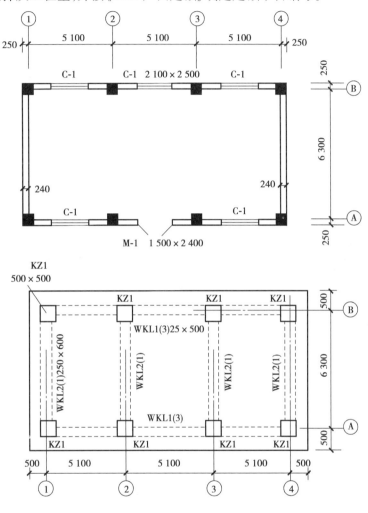

图 10-3　某单层建筑平面、屋面结构图

实训项目三　编制工程量清单

引导：识读附录办公楼图纸，编制装饰装修工程(楼地面、墙柱面、天棚、门窗、油漆、涂料、裱糊工程和其他装饰工程)的工程量清单，并填入"分部分项工程量表"(表 10-7)中。

表 10-7　分部分项工程量表

工程名称：

序号	项目编码	项目名称	项目特征	计量单位	工程量

序号	项目编码	项目名称	项目特征	计量单位	工程量

第十一章　措施项目

【实训项目、要求与评价】

实训项目与要求	
实训项目	实训要求
实训项目一　基础理论	掌握措施项目的概念与分类； 掌握措施费的计算方法、原则； 掌握脚手架工程量计算； 垂直运输的工程量计算规则、方法； 不同模板工程的计算规则
实训项目二　编制定额工程量计算书	通过实例应用，掌握措施项目定额工程量的计算方法
实训项目三　编制工程量清单	了解清单的计量单位，注意清单计量与定额计量的区别，熟悉工程措施项目的清单编制方法
项目重点	
掌握措施项目工程量的计算，正确编制定额工程量计算书和工程量清单	
实训效果、评价与建议	
教学评价	教学方法　　□好　　□中　　□差
	教学内容　　□好　　□中　　□差
成绩评定	□优　　□良　　□中　　□及格　　□不及格
教学建议	

实训项目一　基础理论

👉 **引导**1:完成下列题目,熟悉建筑工程措施项目的相关理论。

1. 简答题

(1)措施项目费的定义。

(2)措施项目中哪些是根据图纸来计算的? 哪些是按一定的基数乘以相应系数来计算的?

【知识链接】

在广西,措施项目费用根据计算的特点划分为单价措施和总价措施两类,两者又可分为通用项目和专业项目。

按《建设工程工程量计算规范广西实施细则》规定,通用措施项目可按表 11-1 选择列项。

11-1　通用措施项目一览表

序号	项目名称
	单价措施项目
1	大型机械设备进出场及安拆费
2	施工排水、降水费
3	二次搬运费
4	已完工程及设备保护费
5	夜间施工费
	总价措施项目
1	安全文明施工费
2	检验试验配合费
3	雨季施工增加费
4	工程定位复测费
5	暗室施工增加费

续表

序号	项目名称
6	交叉施工补贴费
7	特殊保健费
8	优良工程增加费
9	提前竣工增加费

专业措施项目应按《建设工程工程量计算规范广西实施细则》中所列各专业工程中的措施项目并根据工程实际情况选择列项,若出现规范未列的项目,可根据工程实际情况进行补充。以建筑装饰装修工程专业为例,专业措施项目可按表11-2选择列项。

表 11-2 建筑装饰装修工程措施项目一览表

序号	项目名称
	单价措施项目
1	脚手架工程费
2	混凝土、钢筋混凝土模板及支架费
3	垂直运输机械费
4	混凝土运输及泵送费
5	建筑物超高加压水泵费

2. 单项选择题

(1)根据《建设工程工程量计算规范广西壮族自治区实施细则》,脚手架工程费应计入建筑安装工程( )。

A. 措施费   B. 分项工程费   C. 规费   D. 施工机械使用费

(2)仪表仪器使用费属于( )。

A. 施工机械使用费   B. 材料设备费

C. 规费   D. 固定资产使用费

(3)对建筑材料、构件和建筑安装物进行一般鉴定、检查所发生的费用属于( )。

A. 材料费   B. 施工机械使用费

C. 检验试验费   D. 工程建设其他费用

(4)职工的养老保险费属于( )。

A. 措施费   B. 规费   C. 企业管理费   D. 人工费

(5)二次搬运费属于( )。

A. 其他项目费   B. 计日工   C. 企业管理费   D. 措施项目费

3. 多项选择题

(1)下列各项属于措施费的有( )。

A. 为临时工程搭设脚手架发生的费用

B. 为工程建设缴纳的工程排污费

C. 为加快施工进度发生的夜间施工费

D. 对已完工程进行设备保护而发生的费用

E. 施工现场管理人员的工资

(2)下列费用中不属于措施费的是( )。

A. 工具使用费   B. 脚手架费

C. 施工排水、降水费   D. 联合试运转费

E. 环境保护费

☞ 引导2:脚手架与垂直运输

1. 简答题

(1)根据《2013广西定额》的规定,在砌筑脚手架中,外墙脚手架的计算高度该如何确定?

(2)什么是满堂脚手架? 其增加层层数如何计算?

(3)建筑物、构筑物工程垂直运输的高度如何划分?

2. 单项选择题

(1)根据《2013广西定额》的规定,对于外墙脚手架的计算高度,说法正确的是( )。

A. 屋面有栏杆者,高度算至楼板底面

B. 有山墙者,高度按山墙平均高度计算

C. 有女儿墙者,高度算至女儿墙底面

D. 有山墙者,高度按山墙最大高度计算

(2)根据《2013广西定额》的规定,在砌筑脚手架中,下列各项按外墙双排脚手架计算的是( )。

A. 门窗洞口面积占外墙总面积40%以上者

B. 外墙檐高在16 m以内,并无施工组织规定时

C. 砖砌围墙

D. 独立砖柱与突出屋面的烟囱

(3)根据《2013广西定额》的规定,建筑工程和装饰装修工程分开发包的,装饰装修工程套用建筑物垂直运输定额子目乘以系数( )。

A. 0. 3   B. 0. 5   C. 0. 375   D. 0. 33

(4)根据《2013 广西定额》的规定,某建筑物室内天棚净高 8 m,装饰用满堂脚手架的增加层层数为(　　)层。

A. 1   B. 0   C. 2   D. 3

(5)根据《2013 广西定额》的规定,垂直运输工程中,建筑物的垂直运输高度的划分:凸出主体的建筑物屋面梯间,其水平投影面积小于主体顶层投影面积的(　　),不计其高度。

A. 30%   B. 20%   C. 40%   D. 45%

(6)室内天棚装饰面距设计室内地面在(　　)m 以上时,应计算满堂脚手架。

A. 3. 3   B. 3. 6   C. 4. 0   D. 5. 2

3. 多项选择题

(1)根据《2013 广西定额》的规定,以下关于脚手架表述正确的是(　　)。

    A. 同一建筑物内,有不同高度时,应分别按不同高度计算外脚手架

    B. 两层及两层以上地下室外墙脚手架按单排脚手架计算

    C. 独立砖柱、凸出屋面的烟囱脚手架按其外围周长加 3. 6 m 后乘以高度计算

    D. 里脚手架按内墙净长乘以实砌高度计算

    E. 砌筑高度超过 1 m 者,均需计算脚手架

(2)根据《2013 广西定额》的规定,关于内墙脚手架工程表述不正确的是(　　)。

    A. 砌筑高度在 3. 6 m 以内,按里脚手架计算

    B. 砌筑高度在 3. 6 m 以上,按单排脚手架计算

    C. 砌筑高度在 3. 6 m 以内,按单排脚手架计算

    D. 砌筑高度在 3. 6 m 以上,按双排脚手架计算

    E. 砌筑高度在 3. 6 m 以内,按外脚手架计算

(3)根据《2013 广西定额》的规定,关于垂直运输工程的描述,正确的是(　　)。

    A. 单层建筑物、围墙垂直运输高度小于 3. 6 m 时,不得计算垂直运输费用

    B. 建筑工程的垂直运输按建筑物的建筑面积以 m^2 计算

    C. 同一建筑物中有不同檐高时,按建筑物不同檐高作横向分割分别计算建筑面积,以不同檐高分别套用相应高度的定额子目

    D. 建筑物局部装饰装修工程应区别不同垂直运输高度,按各楼层装饰装修部分的建筑面积分别计算

    E. 高度为 50 m 的多层建筑物,其垂直运输费应计算建筑超高增加费

👉 引导 3:模板工程。

简答题

(1)根据《2013 广西定额》的规定,写出柱模板的计算规则。

（2）根据《2013 广西定额》的规定，写出梁模板计算规则。

（3）根据《2013 广西定额》的规定，写出基础模板的计算规则。

实训项目二　编制定额工程量计算书

引导 1：识读附录办公楼图纸，对办公楼分部分项工程进行选套定额，填入"分部分项工程量表"（表 11-3），然后在"工程量计算表"（表 11-4）中计算各自的工程量，并将工程量填入"分部分项工程量表"，计算式应条理清晰，书写工整，可适当用文字注明计算部位。（需有主要计算过程）

表 11-3　分部分项工程量表

工程名称：

序号	定额编码	定额名称	定额单位	工程量
		措施项目 A.11—A.17		

续表

序号	定额编码	定额名称	定额单位	工程量

表 11-4　工程量计算表

工程名称：

项目名称	工程量计算式	工程量	单　位
	措施项目		

续表

项目名称	工程量计算式	工程量	单 位

☞ 引导2：

【知识巩固和拓展】

根据《2013 广西定额》，完成下列题目的定额工程量计算。

（1）如图 11-1 所示，某建筑和装饰装修一起承包的框架结构工程，建筑物从室外地坪至女儿墙顶面的高度分别为 15，51，24 m，天面距女儿墙顶面高度均为 1.0 m，外墙为抹灰面上刷防水涂料，按《2013 广西定额》确定定额子目编号，并计算建筑物外墙脚手架工程量（完成表 11-5 和表 11-6）。

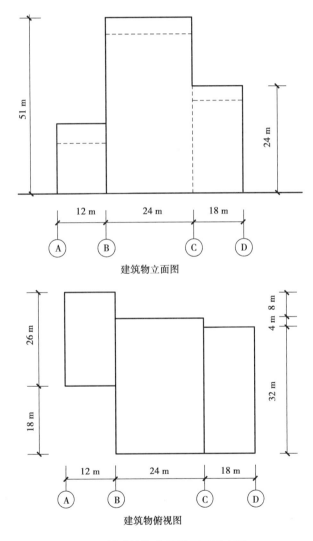

图 11-1 某建筑物立面及平面示意图

表 11-5　分部分项工程量表

序号	定额编码	定额名称	定额单位	工程量
		脚手架工程		

表 11-6　工程量计算表

项目名称	工程量计算式	工程量	单位

（2）如图 11-2 所示，某框架结构建筑物分 3 个单元。第一个单元共 20 层，檐高高度 62.7 m，建筑面积每层 300 m²；第二个单元共 18 层，檐口高度 49.7 m，建筑面积每层 500 m²；第三个单元共 15 层，檐口高度 35.7 m，建筑面积每层 200 m²；有地下室一层，层高为 3.9 m，建筑面积 1 000 m²。计算该工程垂直运输工程量（完成表 11-7 和表 11-8）。

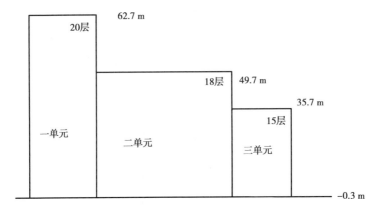

图 11-2　某框架结构建筑物示意图

表 11-7　分部分项工程量表

序号	定额编码	定额名称	定额单位	工程量
		垂直运输工程		

表 11-8 工程量计算表

项目名称	工程量计算式	工程量	单 位

实训项目三　编制工程量清单

👉**引导**：识读附录办公楼图纸，编制措施项目的工程量清单，并填入"分部分项工程量表"（表11-9）中。

表11-9　分部分项工程量表

工程名称：

序号	项目编码	项目名称	项目特征	计量单位	工程量

序号	项目编码	项目名称	项目特征	计量单位	工程量

第十二章　税前项目

【实训项目、要求与评价】

实训项目与要求	
实训项目	实训要求
实训项目　编制税前项目计算书	掌握税前项目的概念； 掌握税前项目编制方法
项目重点	
税前项目的列项和计算	
实训效果、评价与建议	
教学评价	教学方法　　□好　　□中　　□差
	教学内容　　□好　　□中　　□差
成绩评定	□优　　□良　　□中　　□及格　　□不及格
教学建议	

实训项目　编制税前项目计算书

 引导：完成下列题目，熟悉税前项目相关理论及计算方法。

（1）什么是建设工程税前项目？

（2）识读附录办公楼图纸，对办公楼分部分项工程进行选套定额，填入"分部分项工程量表"（表12-1），然后在"工程量计算表"（表12-2）中计算各自的工程量，并将工程量填入"分部分项工程量表"，计算式应条理清晰，书写工整，可适当用文字注明计算部位。

表12-1　分部分项工程量表

工程名称：

序号	定额编码	定额名称	定额单位	工程量
		税前项目		

表 12-2　工程量计算表

项目名称	工程量计算式	工程量	单　位

第十三章　建筑装饰装修工程费用定额

【实训项目、要求与评价】

实训项目与要求	
实训项目	实训要求
实训项目一　基础理论	熟悉广西现行建筑装饰装修工程费用定额组成； 熟悉广西现行建筑装饰装修工程费用的计价程序
实训项目二　工料法计算工程总造价	掌握工料法计算工程造价的方法； 熟练计算综合单价，计算工程总造价
项目重点	
熟悉广西现行建筑装饰装修工程费用定额组成和计价程序； 熟练计算工程总造价	
实训效果、评价与建议	
教学评价	教学方法　　□好　　□中　　□差
	教学内容　　□好　　□中　　□差
成绩评定	□优　　□良　　□中　　□及格　　□不及格
教学建议	

实训项目一　基础理论

引导 1：学习费用定额概述，完成下列理论的阅读，熟悉费用定额的背景和现状。

1. 2013 年版费用定额

根据政府相关文件及有关法律、法规、规章规定,按照"政府宏观调控、企业自主报价、竞争形成价格、监管行之有效"的改革目标,结合广西地区的实际情况,广西壮族自治区住房和城乡建设厅(以下简称"住建厅")于 2013 年组织编制了《广西壮族自治区建筑装饰装修费用定额》(以下简称《2013 费用定额》)。

2. 2016 年版费用定额

为适应国家税制改革要求,满足建筑业"营改增"后建设工程计价需要,依据财政部、国家税务总局《关于全面推开营业税改征增值税试点的通知》(财税〔2016〕36 号)精神,结合广西地区建设工程市场实际情况,"住建厅"于 2016 年组织编制《广西壮族自治区建设工程费用定额》(以下简称《2016 费用定额》)。

(1)采用简易计税方法时,建筑装饰装修工程按《2013 费用定额》。

(2)采用一般计税方法时,土木建筑工程按《2016 费用定额》。

3.《2016 费用定额》中增值税的定义与应用

增值税是指国家税法规定的应计入建设工程造价内的增值税。增值税为当期销项税额,可采用一般计税法和简易计税法计税增值税。计税公式为:

$$增值税 = 税前造价 \times 增值税税率$$

(1)对于一般计税法,税前造价为人工费、材料费、施工机具使用费、企业管理费、利润和规费之和,各项费用均以不包含增值税可抵扣进项税额的价格计算。

(2)对于简易计税法,税前造价为人工费、材料费、施工机具使用费、企业管理费、利润和规费之和,各项费用均以包含增值税可抵扣进项税额的价格计算。

可采用简易计税法的情况:

①纳税人提供建筑服务的年应征增值税销售额不超过 500 万元,且会计核算不健全,不能按规定报送有关税务资料的小规模纳税人。

②年应税销售额超过 500 万元,但不经常发生应税行为的单位。

③以清包工方式提供建筑服务的一般纳税人。

④为甲供工程提供建筑服务的一般纳税人。

⑤为建筑工程老项目提供建筑服务的一般纳税人。建筑工程老项目是指:

a.《建筑工程施工许可证》注明的合同开工日期在 2016 年 4 月 30 日前的建筑工程项目;

b. 未取得《建筑工程施工许可证》的,建筑工程承包合同注明的开工日期在 2016 年 4 月 30 日前的建筑工程项目。

4. 计价相关背景及文件

按计件程序计算工料机合价、综合单价、工程总造价时,应了解的计价相关背景及文件如下:

(1)2013 年《广西壮族自治区建筑装饰装修工程人工材料配合比机械台班基期价》是结合广西建筑市场 2011—2012 年价格以及国家和自治区有关规定综合确定的。

(2)为规范全区建设工程工料机价格信息发布管理,广西住建厅于 2014 年组织编制了

《广西建设工程人工材料设备机械数据库》。

（3）2016 年，为适应国家税制改革，在现行定额计价体系不变的前提下，广西住建厅组织编制了《广西建设工程人工材料设备机械数据库》（营改增版）。

（4）广西土木建筑工程现行基期价为 2013 年《广西壮族自治区建筑装饰装修工程人工材料配合比机械台班基期价》，其配套使用的数据库为 2016 年《广西建设工程人工材料设备机械数据库》（营改增版），同时，与"消耗量定额"配套执行。

（5）2016 年《广西建设工程人工材料设备机械数据库》（营改增版），没有纸质版，在通过测评的软件里内置相关规定，软件自动可查看"除税价格""含税价格"。

（6）营改增后广西建设工程计价依据调整的相关文件。

（7）2018 年、2019 年人工费、有关费率、增值税率都发生了变化和调整。重要的内容有：《自治区住房城乡建设厅关于调整建设工程定额人工费及有关费率的通知》（桂建标〔2018〕19 号）将"2013 消耗量定额"中的人工费系数调整为 1.3，管理费及利润费率不同专业均有调整；《自治区住房城乡建设厅关于调整建设工程计价增值税税率的通知》（桂建标〔2018〕14 号）将增值税率从 11% 调整为 10%；

《自治区住房城乡建设厅关于调整建设工程计价增值税税率的通知》（桂建标〔2019〕12 号）将增值税率从 10% 调整为 9%。

☞ 引导 2：完成下列题目，熟悉广西现行建筑装饰装修工程费用定额的组成及计价程序。

1. 单项选择题

（1）按广西现行费用定额（即《2013 费用定额》和《2016 费用定额》，下同），下列费用应列入其他项目费的是（　　）。

　　A. 安全文明施工费　　　　　　　　　B. 总承包服务费

　　C. 冬、雨期施工增加费　　　　　　　D. 工程定位复测费

（2）按广西现行费用定额，下列费用属于直接费的是（　　）。

　　A. 施工机械大修费　　　　　　　　　B. 财务费

　　C. 工具用具使用费　　　　　　　　　D. 财产保险费

（3）按广西现行费用定额，下列费用列入直接费中的人工费的是（　　）。

　　A. 材料保管人员工资　　　　　　　　B. 施工机械驾驶员工资

　　C. 生产工人的津贴　　　　　　　　　D. 管理人员的工资

（4）按广西现行费用定额，下列费用不属于规费的是（　　）。

　　A. 财产保险费　　　　　　　　　　　B. 失业保险费

　　C. 生育保险费　　　　　　　　　　　D. 住房公积金

（5）按广西现行费用定额，下列费用不属于措施项目费的是（　　）。

　　A. 优良工程增加费　　　　　　　　　B. 工程定位复测费

　　C. 交叉施工补贴　　　　　　　　　　D. 总承包服务费

(6)按广西现行费用定额,下列费用属于单价措施项目的是(　　)。

    A. 专业工程暂估价　　　　　　　　　　　B. 混凝土泵送费

    C. 社会保障费　　　　　　　　　　　　　D. 暂列金额

(7)按广西现行费用定额,因场地狭小等特殊情况所发生的二次搬运费用应列入(　　)。

    A. 管理费　　　　　　　　　　　　　　　B. 其他项目费

    C. 单价措施费　　　　　　　　　　　　　D. 总价措施费

(8)按广西现行费用定额,住房公积金应列入(　　)。

    A. 人工费　　　　　　B. 企业管理费　　　　C. 规费　　　　D. 其他项目费

(9)按广西现行费用定额,建筑装饰装修工程管理费和利润的计算基数是(　　)。

    A. 人工费　　　　　　　　　　　　　　　B. 人工费 + 机械费

    C. 人工费 + 材料费 + 机械费　　　　　　D. 不同的工程类别计算基数不同

(10)某办公楼装饰装修工程,分部分项、措施项目的人工费300万元,材料费820万元,机械费110万元,铝合金门窗部分专业分包,分包合同价90万元,若分包管理费率为1.5%,根据广西现行费用定额的规定,则该工程总分包管理费为(　　)。

    A. 1.35 万元　　　　　B. 4.5 万元　　　　　C. 19.05 万元　　　D. 12.3 万元

2. 多项选择题

(1)按《2016 费用定额》,建设工程费用是指施工发承包工程造价,其划分方法有(　　)。

    A. 按照费用构成要素划分　　　　　　　　B. 按直接费划分

    C. 按照工程造价形成划分　　　　　　　　D. 按分部分项和措施项目划分

    E. 按照工程量大小划分

(2)按《2016 费用定额》,按构成要素分,建设工程费用的组成包括(　　)。

    A. 直接费　　　　　　　B. 利润　　　　　　　C. 间接费

    D. 增值税　　　　　　　E. 其他费用

(3)按《2013 费用定额》,按构成要素分,建设工程费用的组成包括(　　)。

    A. 直接费　　　　　　　B. 利润　　　　　　　C. 间接费

    D. 税金(营业税,城市维护建设税,教育费附加,水利建设基金)

    E. 总价措施费

(4)按《2016 费用定额》,以下描述正确的是(　　)。

    A. 规费由社会保险费(养老保险费、医疗保险费、失业保险费、生育保险费、工伤保险费)、住房公积金和工程排污费组成

    B. 社会保险费中已包含建筑安装工程劳动保险费(简称"建安劳保费")

    C. 费用计价程序和计算规则应按广西现行费用定额规定执行,取费费率中除安全文明施工费、规费、增值税外,其余费率属指导性费用,具体费率按有关规定取定

    D. 建设工程造价中已包括检验试验配合费,但未包括检验试验费;检验试验费在工程建设其他费用中单独计列

    E. 临时设施费费属于单价措施费

(5)下列费用应列入企业管理费的是( )。

    A. 办公费   B. 工程排污费

    C. 奖金   D. 固定资产使用费

    E. 财务费

(6)下列费用应列入其他项目费的是( )。

    A. 已完工程保护费   B. 暂列金额

    C. 总承包服务费   D. 计日工

    E. 住房公积金

(7)按现行费用定额,以总价(或计算基础乘以费率)计算的措施项目有( )。

    A. 安全文明施工费   B. 检验试验配合费

    C. 建筑超高增加费   D. 暗室施工增加费

    E. 总承包服务费

(8)按现行费用定额,列入其他项目费的是( )。

    A. 施工企业的材料采购保管费   B. 专业工程暂估价

    C. 甲供材的采购保管费   D. 计日工

    E. 停工、窝工人工补贴

(9)总承包服务费包括( )。

    A. 总分包管理费   B. 专业分包管理费

    C. 总分包配合费   D. 甲供材的采购保管费

    E. 乙供材的采购保管费

(10)按现行费用定额,建筑装饰工程安全文明施工费计算时,取费费率依据( )确定。

    A. 建筑檐口高度   B. 单位工程建筑面积

    C. 工程所处地区   D. 项目类别

    E. 楼层层数

实训项目二 工料法计算工程总造价

☞ 引导1:完成下列任务,熟悉计价程序,熟练计算工料法的综合单价。

某工程采用一般计税法编制招标控制价,在编制过程中获取以下信息:

(1)天棚面采用成品泥子粉两道;

(2)浇捣混凝土过梁时,采用非泵送商品混凝土;

(3)《2013 广西定额》中部分分部分项工程人、材、机的消耗量见表 13-1;

(4)造价管理机构发布的工程造价信息中的相关价格见表 13-2。

表 13-1 《广西壮族自治区建筑装饰装修工程消耗量定额》部分分部分项工程人、材、机表

定额单位		A13-206	A4-25
单 位		100 m²	10 m³
项 目	单位	刮成品泥子粉 内墙面 两遍	混凝土 过梁
人工费	元	549.78	530.67
材料	成品泥子粉(一般型)	kg	170	
	水	m³	0.17	4.99
	碎石 GD40 商品普通混凝土 C20	kg		10.15
	草袋	nm²		18.57
机械	混凝土振捣器(插入式)	元		13.64
附注	1.梁、柱、天棚面刮泥子按相应墙面子目人工费乘以系数1.18; 2.采用非泵送商品混凝土,每立方米混凝土人工费增减21元; 3.机械费已按最新文件除税,可按表中数值直接确定; 4.自治区建设行政主管部门发布的人工费调整系数为1.3。			

表 13-2 工程造价信息价格

序号	名 称	单 位	除税单价(元)
1	碎石 GD40 商品普通混凝土 C25	m³	410
2	成品泥子粉(一般型)	kg	1
3	草袋	m²	3.85
4	水	m³	3.5

任务:计算该天棚面刮泥子、C25 混凝土过梁(非泵送)的综合单价。(管理费率假设为33.17%,利润率假设为8.5%)

【解】按引导提示完成任务。

(1)天棚面刮泥子的综合单价:

①天棚面刮泥子套定额,_____;

换算内容为_____。

②人工费:_____ = _____(元/100 m²)。

③材料费:_____ = _____(元/100 m²)。

④机械费:_____ = _____(元/100 m²)。

⑤管理费:_____ = _____(元/100 m²)。

⑥利润：＿＿＿＿＿＿＿＿＿＿＿＿＿＿＿＝＿＿＿＿＿＿＿＿＿＿＿＿＿＿（元/100 m²）。

综合单价：＿＿＿＿＿＿＿＿＿＿＿＿＝＿＿＿＿＿＿＿＿＿＿＿＿＿＿（元/100 m²）。

（2）C25 混凝土过梁（非泵送）的综合单价：

①C25 混凝土过梁（非泵送）套定额＿＿＿＿＿＿＿＿＿＿＿＿＿＿＿＿＿＿＿＿；

换算内容为＿＿＿＿＿＿＿＿＿＿＿＿＿＿＿＿＿＿＿＿＿＿＿＿＿＿＿＿＿＿＿。

②人工费：＿＿＿＿＿＿＿＿＿＿＿＿＿＿＝＿＿＿＿＿＿＿＿＿＿＿＿（元/10 m³）。

③材料费：＿＿＿＿＿＿＿＿＿＿＿＿＿＿＝＿＿＿＿＿＿＿＿＿＿＿＿（元/10 m³）。

④机械费：＿＿＿＿＿＿＿＿＿＿＿＿＿＿＝＿＿＿＿＿＿＿＿＿＿＿＿（元/10 m³）。

⑤管理费：＿＿＿＿＿＿＿＿＿＿＿＿＿＿＝＿＿＿＿＿＿＿＿＿＿＿＿（元/100 m²）。

⑥利润：＿＿＿＿＿＿＿＿＿＿＿＿＿＿＿＝＿＿＿＿＿＿＿＿＿＿＿＿（元/100 m²）。

综合单价：＿＿＿＿＿＿＿＿＿＿＿＿＝＿＿＿＿＿＿＿＿＿＿＿＿＿＿（元/100 m²）。

👉 **引导2**：完成下列任务,熟悉计价程序,熟练计算工程总造价。

某市区办公楼工程,建筑面积为 15 973.6 m²,经计算得到如下数据：

（1）分部分项工程和单价措施项目费用合计 1 520 万元,其中人工费 304 万元,材料费 730 万元,机械费 136 万元；

（2）总价措施项目只计取安全文明施工费、检验试验配合费、雨期施工增加费和工程定位复测费；

（3）其他项目中,专业工程暂估价为 40 万元；

（4）税前项目合计 19 万元；

（5）编制招标控制价过程中涉及的相关费率见表 13-3。

表 13-3　相关费率表

序号	费用项目名称		费率（%）
1	安全文明施工费	$S < 10\,000$ m²	7.36
		$10\,000$ m² $\leqslant S \leqslant 30\,000$ m²	6.45
		$S > 30\,000$ m²	5.54
2	检验试验配合费		0.11
3	雨期施工增加费		0.53
4	工程定位复测费		0.05
5	社会保险费		29.35
6	住房公积金		1.85
7	工程排污费	$S < 10\,000$ m²	0.43
		$10\,000$ m² $\leqslant S \leqslant 30\,000$ m²	0.34
		$S > 30\,000$ m²	0.25
8	暂列金额		6.5
9	增值税		9

任务:根据广西现行定额,按编制招标控制价要求,采用一般计税法计税该工程的总造价。按提示将计算过程填入表 13-4 中。

表 13-4　总造价计算表

序号	项目名称	计算式	金额(万元)
1	分部分项工程及单价措施项目费		
2	总价措施项目费		
2.1	安全文明施工费		
2.2	检验试验配合费		
2.3	雨期施工增加费		
2.4	工程定位复测费		
3	其他项目费		
3.1	暂列金额		
3.2	专业工程暂估价		
4	规费		
4.1	社会保险费		
4.2	住房公积金		
4.3	工程排污费		
5	税前项目费		
6	增值税		
7	工程总造价		

引导3:完成下列任务,巩固计价程序的应用,熟练计算工程总造价。

某市区办公楼工程,建筑面积为 32 773.6 m²,经计算得到如下数据:

(1)分部分项工程和单价措施项目费用合计 2 618 万元,其中人工费 754 万元,材料费 1 263 万元,机械费 601 万元;

(2)总价措施项目只计取安全文明施工费、检验试验配合费、雨期施工增加费、工程定位复测费和优良工程增加费;

(3)其他项目中,专业工程暂估价 100 万元,分包工程造价为 150 万元,总分包管理费的费率按 1.67%;

(4)税前项目合计 42 万元;

(5)编制招标控制价过程中涉及的相关费率见表 13-3,表中未说明的优良工程增加费的费率按 3.17%,其余的费率都按表 13-3。

任务:根据广西现行定额,按编制招标控制价要求,采用一般计税法计税该工程的总造价。将计算过程填入表 13-5 中。表中的序号、项目名称、计算式、金额均需独立完成填写。

表 13-5　总造价计算表

序号	项目名称	计算式	金额(万元)

第十四章　工程量清单计价

【实训项目、要求与评价】

实训项目与要求	
实训项目	实训要求
实训项目一　基础理论	熟悉工程量清单计价的依据； 熟悉工程量清单计价的程序； 掌握工程量清单分析综合单价的确定方法
实训项目二　清单法计算工程总造价	掌握使用清单法计算综合单价、计算工程总造价的方法； 熟练计算清单综合单价和工程总造价
项目重点	
熟悉清单法的综合单价和总造价的计价程序； 熟练计算工程总造价	
实训效果、评价与建议	
教学评价	教学方法　　□好　　□中　　□差
	教学内容　　□好　　□中　　□差
成绩评定	□优　　□良　　□中　　□及格　　□不及格
教学建议	

实训项目一　基础理论

引导1：学习工程量清单计价常识，完成下列理论的阅读，熟悉编制招标控制价、投标报价的主要规定。

1. 招标控制价的概念

招标控制价是指招标人根据国家或省级、行业建设主管部门颁发的有关计价依据和办法，以及拟订的招标文件和招标工程量清单，结合工程具体情况编制的招标工程的最高投标限价。

2. 编制招标控制价的主要规定

（1）国有资金投资的工程建设项目必须实行工程量清单招标，并编制招标控制价；投标人的投标高于招标控制价的，其投标应予以拒绝。

（2）招标控制价应由具有编制能力的招标人或受其委托具有相应资质的工程造价咨询人编制和复核。

（3）工程造价咨询人接受招标人委托编制招标控制价，不得再就同一工程接受投标人委托编制投标报价。

（4）招标控制价应按有关规定编制，不得上调和下浮，费率一般取中值计算。

（5）招标人应在发布招标文件时公布招标控制价的整套文件，同时应将招标控制价及有关资料报送工程所在地工程造价管理机构备查。

（6）投标人经复核认为招标人公布的招标控制价未按照计价规范和计价细则进行编制的，应在招标控制价公布后 5 天内向招投标监督机构和工程造价管理机构投诉。

（7）工程造价管理机构受理投诉后，应立即对招标控制价进行复查，组织投诉人、被投诉人或其委托的招标控制价编制人等单位对投诉问题逐一核对。有关当事人应当予以配合，并应保证所提供资料的真实性。当招标控制价复查结论与原公布的招标控制价误差大于 ±3% 时，应当责成招标人改正。

（8）招标控制价的编制内容包括分部分项工程项目和单价措施项目费、总价措施项目费、其他项目费、规费、税前项目费和增值税。

3. 招标控制价主要的编制要求

1）分部分项工程工程项目和单价措施项目费编制要求

综合单价中应包括招标文件中划分的应由投标人承担的风险范围及其费用。招标文件中没有明确的，若是工程造价咨询人编制，应提请招标人明确；若是招标人编制，应予以明确。对招标文件未作要求的可按以下原则确定：

（1）技术难度较大和管理复杂的项目，可考虑一定的风险费用纳入综合单价中。

（2）工程设备、材料价格的市场风险，应依据招标文件的规定，工程所在地或行业工程造价管理机构的有关规定，以及市场价格趋势考虑一定率值的风险费用，纳入综合单价中。

（3）规费、增值税等法律法规规章和政策变化风险和人工单价等风险费用，不应纳入综合单价。

综合单价应按招标控制价的编制依据确定，招标文件提供了暂估单价的材料，应按暂估的单价计入综合单价。

2）总价措施项目费编制要求

总价措施项目应根据拟订的招标文件、常规施工方案，按工程量清单计价和定额的有关规定计价。

3）其他项目费编制要求

（1）暂列金额应按招标工程量清单中列出的金额填写。

（2）暂估价中的材料、工程设备单价应按招标工程量清单中列出的单价计入综合单价。

（3）暂估价中的专业工程金额应按招标工程量清单中列出的金额填写。

（4）计日工应按招标工程量清单中列出的项目，根据工程特点和有关计价依据确定综合单价。

计日工综合单价按计日工价格乘以综合费率计算，计日工价格应按当地工程造价管理机构发布的工程造价信息中的信息价计算，工程造价信息未发布的，按市场调查确定的单价计算；综合费率按自治区计价定额的有关规定计算。

（5）总承包服务费应根据招标工程量清单列出的内容和要求，按工程量清单计价和定额的有关规定计算。

4）规费和增值税编制要求

规费和增值税应按工程量清单计价和定额的有关规定计算。

4. 编制招标控制价应注意的问题

（1）材料价格应采用造价管理机构通过工程造价信息发布的材料价格，价格没有发布的，应通过市场调查确定；未采用工程造价管理机构发布的工程造价信息时，需在招标文件或答疑补充文件中对招标控制价采用与造价信息不一致的市场价格予以说明。

（2）本着经济实用、先进高效的原则，确定施工机械设备的选型。

（3）不可竞争的费用按照国家有关规定计算。

（4）招标人应首先编制常规施工组织设计或施工方案，然后经专家论证确认后，再合理确定措施项目与费用。

5. 投标价的概念

投标价是指投标人投标时响应招标文件要求所报出的对已标价工程量清单汇总后标明的总价。投标价在工程招标发包过程中，由投标人按照招标文件的要求，根据拟建工程的特点，并结合自身的施工技术、装备和管理水平，依据有关计价规定自主确定的工程造价，是投标人希望达成工程承包交易的期望价格，它不能高于招标人设定的招标控制价。作为投标人计算的必要条件，应预先确定施工方案和施工进度，此外投标计算还必须与采用的合同形式相协调。

6. 投标价编制的规定

（1）投标价应由投标人或受其委托具有相应资质的工程造价咨询人编制。

（2）投标人应按投标价编制的依据规定自主确定投标报价。投标人自主确定投标报价不得违反工程量清单计价规范的强制性条文规定。

（3）投标报价不得低于工程成本。投标人在进行工程量清单招标的投标报价时，不能进行投标总价优惠（或降价、让利），投标人对投标报价的任何优惠（或降价、让利）均应反映在相应清单项目的综合单价中。不得出现任意一项单价重大让利，低于成本报价。投标人不得以自有机械闲置、自有材料等不计成本为由进行投标报价，且不得低于工程成本报价。

（4）投标人必须按招标工程量清单填报价格。项目编码、项目名称、项目特征、计量单位、工程量必须与招标工程量清单一致。投标人不得对招标工程量清单项目进行增减调整。

（5）投标人的投标报价不应高于招标控制价。

7.编制投标价的主要规定

(1)综合单价中应包括招标文件中划分的应由投标人承担的风险范围及其费用,招标文件中没有明确的,应提请招标人明确。

(2)分部分项工程项目和单价措施项目,应根据招标文件和招标工程量清单项目中的特征描述确定综合单价计算。在招投标过程中,出现招标工程量清单特征描述与设计图纸不符时,投标人应以招标工程量清单项目特征描述为准,确定投标报价的综合单价。

(3)总价措施项目的金额应根据招标文件及投标时拟定的施工组织设计或施工方案,按有关规定自主确定。其中安全文明施工费不得让利。

(4)其他项目应按下列规定报价:

①暂列金额应按招标工程量清单中列出的金额填写,不得变动;

②材料、工程设备暂估价应按招标工程量清单中列出的单价计入综合单价;

③专业工程暂估价应按招标工程量清单中列出的金额填写;

④计日工应按招标工程量清单中列出的项目和数量,自主确定综合单价并计算计日工金额;

⑤总承包服务费应根据招标工程量清单列出的内容和供应材料、设备情况,按照招标人提出的协调、配合与服务要求和施工现场管理需要自主确定。

(5)规费和增值税必须按国家或自治区建设主管部门的规定计算,不得作为竞争性费用。

(6)招标工程量清单与计价表中列明的所有需要填写单价和合价的项目,投标人均应填写且只允许有一个报价。

(7)投标总价应当与分部分项工程费、措施项目费、其他项目费和规费、税前项目费、增值税的合计金额一致。

☞引导2:完成下列题目,熟悉工程量清单计价的相关规定及计价程序。

1.单项选择题

(1)工程量清单计价主要适用于(　　　)阶段。

A.投资决策　　　B.设计　　　　C.招标投标　　　D.项目后评价

(2)按现行清单计价规范规定,对清单工程量以外的可能发生的工程量变更应在(　　)费用中考虑。

A.分部分项工程费　　　　　　B.计日工

C.暂列金额　　　　　　　　　D.措施项目费

(3)编制工程量清单时,其他项目清单中"专业工程暂估价"的金额栏数值应由(　　)填写。

A.招标人　　　B.投标人　　　C.材料供应商　　　D.监理人

(4)工程量清单计价时,编制投标报价与编制招标控制价依据主要的不同是(　　　)。

A.国家建设主管部门颁发的计价办法

B.企业定额

C.招标文件、招标工程量清单及其补充通知、答疑纪要

D.施工现场情况、工程特点

（5）工程量清单计价模式下，不属于工程量清单综合单价分析表中内容的是（　　）。

    A.人工费　　　　　B.管理费　　　　　C.机械费　　　　　D.规费

（6）按现行清单计价规范和广西有关细则，下列计算方法不正确的是（　　）。

    A.分部分项综合单价 = 人工费 + 材料费 + 机械费 + 管理费 + 利润 + 风险

    B.单价措施项目合计 = $\sum$ 单价措施项目工程量 × 项目综合单价

    C.单项工程报价 = $\sum$ 单位工程报价

    D.安全文明施工费 = （分部分项人工费合计 + 单价措施人工费合计）× 相应费率

（7）下列费用是根据规定的计算基数乘以相应费率计算得到的是（　　）。

    A.挖基础土方　　　　　　　　　　B.混凝土泵送费

    C.雨期施工增加费　　　　　　　　D.施工排水降水费

（8）某瓷砖地面清单项目，已知人工费200元，材料费850元，机械费75元。管理费率为26.79% ~ 32.75%，编制招标控制价时，该项目的管理费为（　　）元。

    A.81.87　　　　　B.59.54　　　　　C.334.91　　　　　D.73.56

（9）某混凝土柱清单项目，已知人工费300元，材料费1 000元，机械费120元。利润率为20%，编制招标控制价时，该项目的利润为（　　）元。

    A.42　　　　　B.142　　　　　C.30　　　　　D.130

（10）某工程计日工为1万元，材料暂估价3万元，专业工程暂估价5万元，总承包服务费0.2万元，优良工程增加费2万元，缩短工期增加费0.7万元。则该工程其他项目清单合计（　　）万元。

    A.8.2　　　　　B.11.2　　　　　C.8.9　　　　　D.9.2

2.多项选择题

（1）工程量清单计价活动包括（　　）。

    A.招标控制价编制　　　　　　　　B.投标报价编制

    C.概算价编制　　　　　　　　　　D.合同价确定

    E.工程竣工结算

（2）分部分项工程量清单计价表中，综合单价包括（　　）。

    A.人工费、施工机械使用费　　　　B.材料费

    C.规费　　　　　　　　　　　　　D.管理费

    E.利润

（3）某建筑物檐高30 m，采用现场搅拌混凝土，按现行清单计价规范及广西有关规定，则C20有梁板的清单综合单价组成中包含的定额子目有（　　）。

    A.混凝土拌制　　　　　　　　　　B.有梁板浇捣

    C.搅拌站混凝土运输　　　　　　　D.建筑物超高降效

    E.混凝土泵送费

（4）某清单项目"屋面卷材防水"，特征描述为：15 mm厚1:3水泥砂浆找平；找平层分格缝嵌油膏；铺二毡三油石油沥青玛琋脂卷材防水层；女儿墙弯起200 mm。按广西现行计价规定，工程量清单计价时，应列入的定额项目包括（　　）。

A. 水泥砂浆的找平层   B. 冷底子油层

C. 油膏嵌缝   D. 二毡三油石油沥青玛琋脂卷材防水层

E. 女儿墙卷材防水

(5)某清单项目"单扇有亮镶板木门",特征描述为:洞口尺寸 0.9 m×2.7 m,木门框、亮子从加工厂制作运至工地,配五金配件安装,刷一底二面调和漆。按广西现行计价规定及对应的清单项目,可列计的定额项目包括( )。

A. 镶板木门制作、安装   B. 木门运输

C. 安装玻璃   D. 木门五金配件

E. 木门一底二面调和漆

(6)在招标控制价中需估算一笔暂列金额,暂列金额可根据( )进行估算。

A. 工程的复杂程度   B. 施工单位的水平

C. 设计深度   D. 工程质量的要求

E. 工程环境条件

(7)在广西,编制招标控制价,下列做法正确的是( )。

A. 综合单价中的管理费费率取最高值

B. 综合单价中的利润率取中间值

C. 环境保护费按规定费率计取

D. 临时设施费费率取中间值

E. 安全文明施工费按规定费率计取,为不可竞争费用

(8)在工程量清单计价模式下,投标人编制投标报价时,投标人可自由确定的费用是( )。

A. 管理费   B. 计日工

C. 总承包服务费   D. 暂列金额

E. 施工机械使用费

(9)投标报价时,如采用不平衡报价,可适当提高报价的项目是( )。

A. 基础工程   B. 装修工程

C. 土方开挖   D. 桩基础

E. 前期措施费

(10)标底价格是招标人对拟订招标工程事先确定的预期价格,标底是( )的标准。

A. 审核报价   B. 评标

C. 决标   D. 合同签订

E. 投资决策

实训项目二　清单法计算工程总造价

👉 引导1:完成下列任务,熟悉计价程序,熟练计算综合单价。

某保温屋面,现浇水泥珍珠岩1:8保温隔热层100 mm,其人、材、机见表14-1,其中的人工

费和机械费均已按最新的人工费调整文件及相应造价信息调整;造价管理部门发布的工程造价信息上的价格见表14-2,其清单工程量见表14-3,建筑工程管理费费率和利润率分别为33.17%和8.46%,按广西现行计价程序,采用一般计税法,编制该项目的清单综合单价,并填写表《工程量清单综合单价分析表》(表14-4)和《分部分项工程和单价措施项目清单与计价表》(表14-5)。

表14-1　《广西壮族自治区建筑装饰装修工程消耗量定额》部分分部分项工程人、材、机表

定额单位		A8-6	
单　位		100 m²	
项　目	单位	屋面保温现浇水泥珍珠岩1:8厚度100 mm	
人工费	元	532.78	
材料	水泥珍珠岩1:8	m³	10.4
	水	m³	7
机械	机械费	元	0

表14-2　工程造价信息价格

序号	名　称	单位	除税单价(元)
1	水泥珍珠岩1:8	m³	252.8
2	水	m³	3.34

表14-3　分部分项工程工程量清单

序号	项目编码	项目名称及项目特征描述	计量单位	工程量
1	011001001001	保温屋面 现浇水泥珍珠岩1:8保温隔热层100厚	m²	321.85

【解】按引导提示完成现浇水泥珍珠岩1:8保温隔热层的清单综合单价的编制。

(1)套定额_____。

(2)人工费:_____=_____(元/100 m²)。

(3)材料费:_____=_____(元/100 m²)。

(4)机械费:_____=_____(元/100 m²)。

(5)管理费:_____=_____(元/100 m²)。

(6)利润_____=_____(元/100 m²)。

综合单价:_____=_____(元/100 m²)。

合价:_____=_____(元)。

清单项目综合单价:_____=_____(元/ m²)。

表 14-4　工程量清单综合单价分析表

序号	项目编码	项目名称及项目特征描述	单位	工程量	综合单价	综合单价				
						人工费	材料费	机械费	管理费	利润

表 14-5　分部分项工程和单价措施项目清单与计价表

序号	项目编码	项目名称及项目特征描述	计量单位	工程量	金额(元)	
					综合单价	合　价

👉 **引导 2：完成下列任务，熟悉计价程序，熟练计算工程总造价。**

某市区工程，工程量清单见表 14-6，其他编制条件如下：

(1)造价管理部门发布的工程造价信息上的材料价格和配合比价格见表 14-7。

(2)《2013 广西定额》中部分分部分项工程人材机的消耗量见表 14-8；其中，人工费和机械费均已按最新的人工费调整文件及相应造价信息调整；建筑工程管理费率和利润率分别为 33.17% 和 8.46%，装饰装修工程管理费率和利润率分别为 27.30% 和 7.06%。

(3)总价措施项目清单需要计取安全文明施工费、检验试验配合费、雨期施工增加费、工程定位复测费，其费率取值分别按 7.36%、0.11%、0.53%、0.05% 计取。

(4)该工程暂列金额为 1 500 元，发包人供应材料价格为 6 800 元(总承包服务费按 1% 计取)，专业工程暂估价为 2 000 元(总承包服务费按 1.5% 计取)。

(5)社会保险费、住房公积金、工程排污费费率分别按 29.35%、1.85%、0.43% 计取。

(6)增值税率按 9% 计取。

任务：按广西现行计价程序，采用一般计税法，编制该工程招标控制价。编制过程填入表 14-9 至表 14-14。

表 14-6　分部分项工程工程量清单

序号	项目编码	项目名称及项目特征描述	计量单位	工程量
1	010902002001	屋面涂膜防水 1. 水泥防水涂料 1.5 mm 厚 2. 刷基层冷底子油一遍	m²	358.91

续表

序号	项目编码	项目名称及项目特征描述	计量单位	工程量
2	011001001001	保温屋面 现浇水泥珍珠岩1:8保温隔热层100 mm厚	m²	321.85
3	011001001002	隔热屋面 30 mm厚500 mm×500 mm,C20预制钢筋混凝土板 M5砂浆起120 mm×120 mm砖三皮,双向中距500 mm	m²	308.26
4	011101006001	平面砂浆找平层 20 mm厚1:2.5水泥砂浆找平层	m²	321.85

表14-7 工程造价信息价格

序号	名称	单位	除税单价(元)
1	页岩标准砖240×115×53	千块	491.45
2	素水泥浆	m³	660.85
3	水泥石灰砂浆细沙M5	m³	307.95
4	水泥珍珠岩1:8	m³	252.8
5	水泥砂浆1:3	m³	359.78
6	聚合物水泥防水涂料(JS-Ⅱ)	kg	11.64
7	钢筋混凝土隔热板500×500×30	千块	3 076.92
8	水	m³	3.34
9	冷底子油30:70	kg	6.92
10	木柴	kg	0.43
11	水泥砂浆1:2.5	m³	395.41

表14-8 《广西壮族自治区建筑装饰装修工程消耗量定额》部分分部分项工程人、材、机表

定额单位		A7-78	A7-82	A8-6	A8-28	A9-1
单位		100 m²	100 m²	100 m²	100 m²	100 m²
项目	单位	屋面保温聚合物水泥防水涂料涂膜1.5 mm厚	屋面刷冷底子油防水一遍	屋面保温现浇水泥珍珠岩1:8厚度100 mm	屋面混凝土隔热板铺设板式架空砌二皮标准砖	水泥砂浆找平层混凝土或硬基层上
人工费	元	270.47	97.07	532.78	1 338.25	649.86

续表

定额单位		A7-78	A7-82	A8-6	A8-28	A9-1
单 位		100 m²	100 m²	100 m²	100 m²	100 m²
材料	聚合物水泥防水涂料（JS-Ⅱ）	kg	197		10.4		
	水	m³	0.039		7	8.88	0.6
	冷底子油 30:70	kg		49.00			
	木柴	kg		16.84			
	水泥珍珠岩 1:8	m³			10.4		
	水泥砂浆 1:2.5	m³				0.12	
	水泥石灰砂浆细砂 M5	m³				0.84	
	钢筋混凝土隔热板 500×500×30	千块				0.404	
	页岩标准砖 240×115×53	千块				1.705	
	其他材料费	元				149.21	
	素水泥浆	m³					0.1
	水泥砂浆 1:3	m³					2.02
机械	机械费	元	0	0	0	17.46	37.1

【解】按表格提示，逐项填表完成。

表 14-9　工程量清单综合单价分析表

序号	项目编码	项目名称及项目特征描述	单位	工程量	综合单价	综合单价				
						人工费	材料费	机械费	管理费	利润

续表

序号	项目编码	项目名称及项目特征描述	单位	工程量	综合单价	综合单价				
						人工费	材料费	机械费	管理费	利润

表 14-10　分部分项工程和单价措施项目清单与计价表

序号	项目编码	项目名称及项目特征描述	计量单位	工程量	金额(元)	
					综合单价	合　价
1	010902002001	屋面涂膜防水				
2	011001001001	保温屋面				
3	011001001002	隔热屋面				
4	011101006001	平面砂浆找平层				
		∑ 人工费				
		∑ 材料费				
		∑ 机械费				
		∑ 管理费				
		∑ 利润				
		合计				

表 14-11　总价措施项目清单与计价表

序号	项目名称	计算基数	费率(%)	金额(元)
1	安全文明施工费			
2	检验试验配合费			
3	雨季施工增加费			
4	工程定位复测费			
	合　计			

表 14-12　其他项目清单与计价表

序号	项目名称	金额(元)	计算式
1	暂列金额		
2	专业工程暂估价		
3	总承包服务费		
	合　计		

表 14-13　规费、增值税计价表

序号	项目名称	计算基数	费率(%)	金额(元)
1	规费			
1.1	社会保险费			
1.2	住房公积金			
1.3	工程排污费			
2	增值税			

表 14-14　单位工程招标控制价汇总表

序号	项目名称	金额(万元)
1	分部分项工程和单价措施项目清单计价合计	
2	总价措施项目费清单计价合计	
2.1	其中:安全文明施工费	
3	其他项目清单计价合计	
4	税前项目清单计价合计	
5	规费	
6	增值税	
7	工程总造价 = 1 + 2 + 3 + 4 + 5 + 6	

XX设计研究院　图纸目录　办公楼 结构专业 共2页,第2页

序号	名称	图号	幅面	备注
1	图纸目录	G-00	A4	
2	基础图	G-01	A3	
3	基础梁图 3.6m顶梁图	G-02	A3	
4	3.6m楼板图 7.2m顶梁图	G-03	A3	
5	7.2m楼板图 楼梯大样	G-04	A3	

校对		审核		CAD	
设计		制图			

XX设计研究院　图纸目录　办公楼 建筑专业 共2页,第1页

序号	名称	图号	幅面	备注
1	图纸目录	J-00	A4	
2	说明、总表 首层平面	J-01	A3	
3	二层平面图 屋顶平面图	J-02	A3	
4	南立面图 北立面图	J-03	A3	
5	剖面图 楼梯大样	J-04	A3	

校对		审核		CAD	
设计		制图			

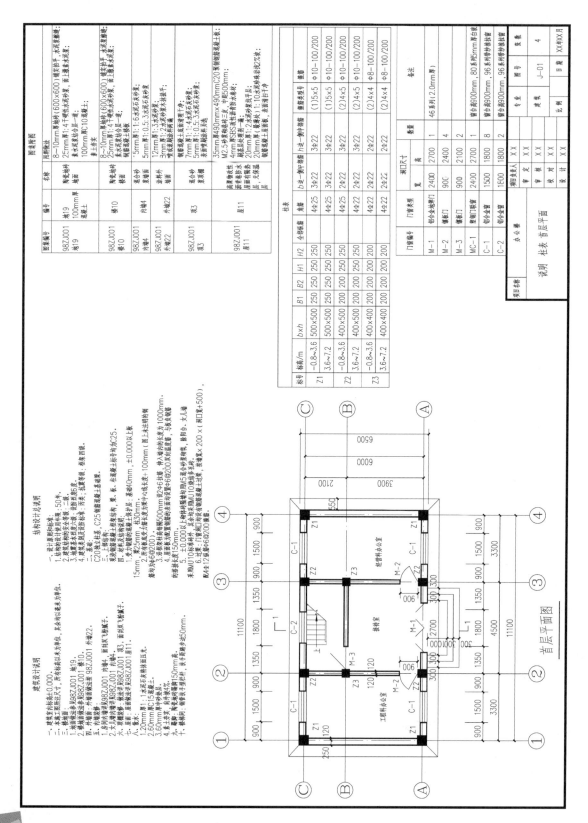

首层平面图

办公楼 首层平面 柱表 门窗表 说明

门窗编号	门窗类型	洞口尺寸 宽	洞口尺寸 高	数量	过梁	备注
M-1	铝合金地弹门	2400	2700	1	(1)5×5	46系列(2.0mm厚)
M-2	镶板门	900	2400	4	(1)5×5	
M-3	镶板门	900	2100	2	(2)4×5	
MC-1	塑钢门联窗	2400	2700	1	(2)4×5	窗台高900mm，80系列5mm厚台泥
C-1	铝合金窗	1500	1800	8	(2)4×4	窗台高900mm，96系列铝合金推拉窗
C-2	铝合金窗	1600	1800	2	(2)4×4	窗台高900mm，96系列铝合金推拉窗

柱表

标号	标高/m	b×h	B1	B2	H1	H2	全部纵筋	角筋	箍筋
Z1	-0.8~3.6	500×500	250	250	250	250	4Φ25	3Φ22	Φ10-100/200
Z1	3.6~7.2	500×500	250	250	250	250	4Φ25	3Φ22	Φ10-100/200
Z2	-0.8~3.6	400×500	250	250	250	250	4Φ25	3Φ22	Φ10-100/200
Z2	3.6~7.2	400×500	200	200	250	250	4Φ25	2Φ22	Φ10-100/200
Z3	-0.8~3.6	400×400	200	200	200	200	4Φ22	2Φ22	Φ8-100/200
Z3	3.6~7.2	400×400	200	200	200	200	4Φ22	2Φ22	Φ8-100/200

图表精图

图集编号	编号	名称	用料做法
98ZJ001 地19	地19 100mm厚混凝土	陶瓷地砖地面	8~10mm厚地砖（600×600）铺实拍平，水泥浆擦缝；25mm厚1:4干硬水泥砂浆，面上撒水泥浆；素水泥浆结合层一道；100mm厚MC10混凝土；素土夯实
98ZJ001 楼10	楼10	陶瓷地砖楼面	8~10mm厚地砖（600×600）铺实拍平，水泥浆擦缝；25mm厚1:4干硬水泥砂浆，面上撒水泥浆；素水泥浆结合层一道；钢筋混凝土楼板
98ZJ001 内墙4	内墙4	混合砂浆墙面	5mm厚1:1:6混合砂浆；5mm厚1:0.5:3水泥石灰砂浆
98ZJ001 外墙22	外墙22	涂料外墙	12mm厚1:3水泥砂浆；3mm厚1:2水泥砂浆找平层；喷涂或滚涂料面层
98ZJ001 顶3	顶3	混合砂浆顶棚	钢板网或钢筋底板抹灰干净；7mm厚1:4水泥石灰砂浆；5mm厚1:0.5:3水泥石灰砂浆；表面喷刷涂料面层
98ZJ001 屋11	屋11	高聚物改性沥青防水卷材屋面	35mm厚490mm×490mm C20 预制钢筋混凝土板；M2.5砂浆结合层二度；中粒粗500mm；4mm厚SBS改性沥青防水卷材；隔汽层处理一道；20mm厚1:2水泥砂浆找平层；20mm厚1:10水泥珍珠岩找2%坡；钢筋混凝土屋面板，表面清扫干净

办公楼

项目名称	X X	专业	建筑
事负责人	X X	审核	X X
设计	X X	校对	X X
审定	X X	比例	
图号	J-01	日期	XX年XX月
		张数	4

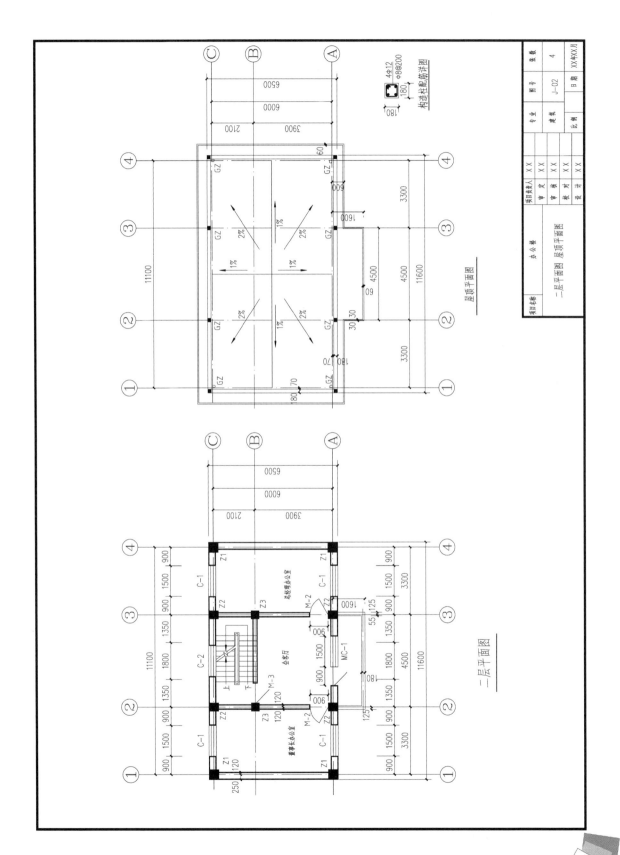

屋顶平面图

构造柱配筋详图

二层平面图

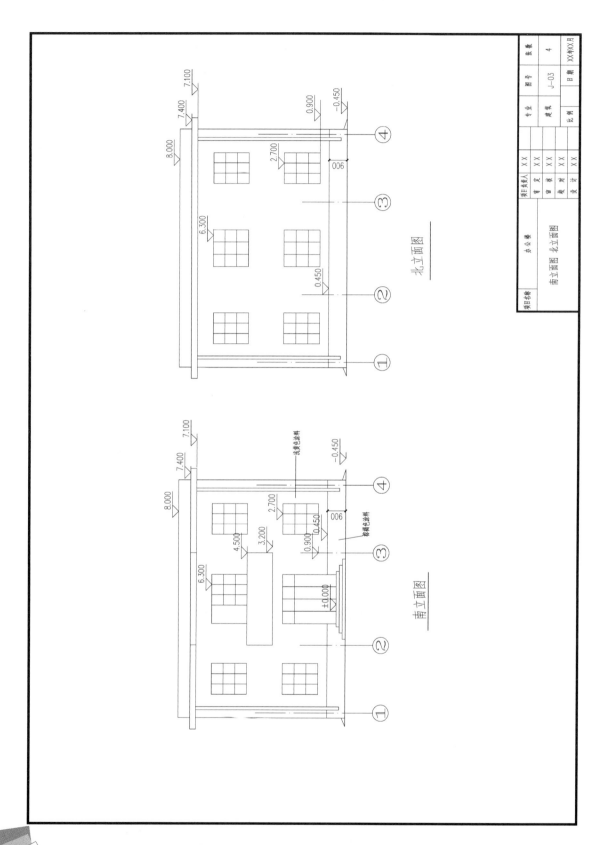

南立面图

北立面图

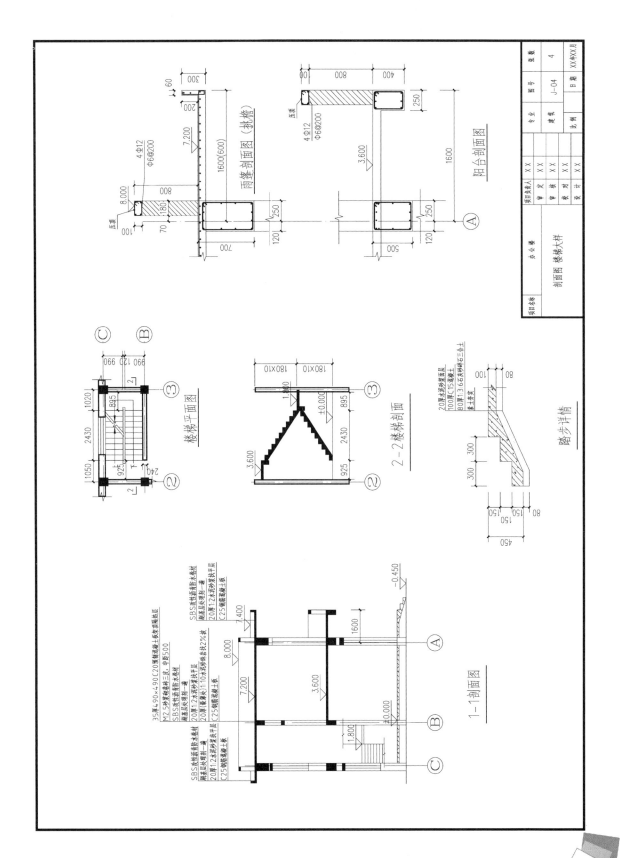

雨篷剖面图（挑檐）

阳台剖面图

楼梯平面图

2-2楼梯剖面

踏步详情

1-1剖面图

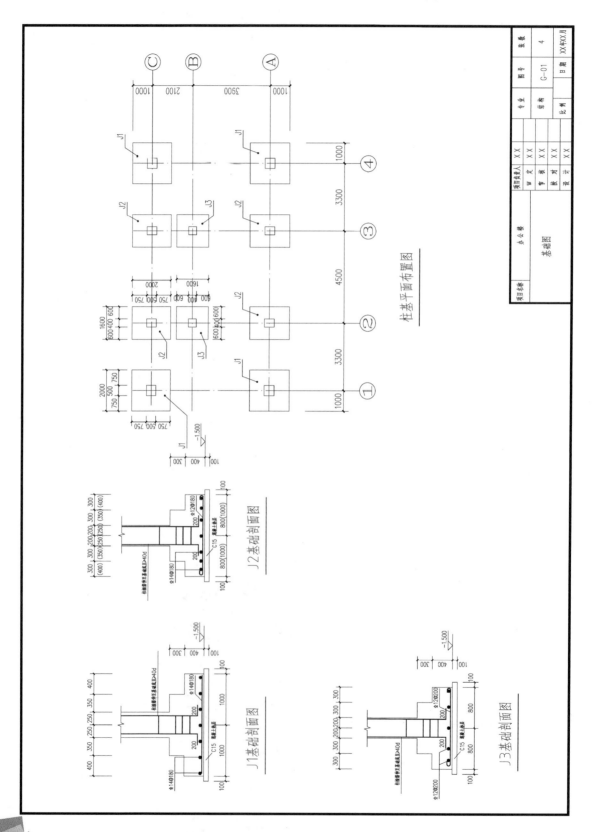

柱基平面布置图

J1基础剖面图

J2基础剖面图

J3基础剖面图

项目名称	办公楼
	基础图

专业	结构	图号	G—01	页数	4
比例		日期	XX年XX月		

项目负责人	XX
审核	XX
校对	XX
设计	XX

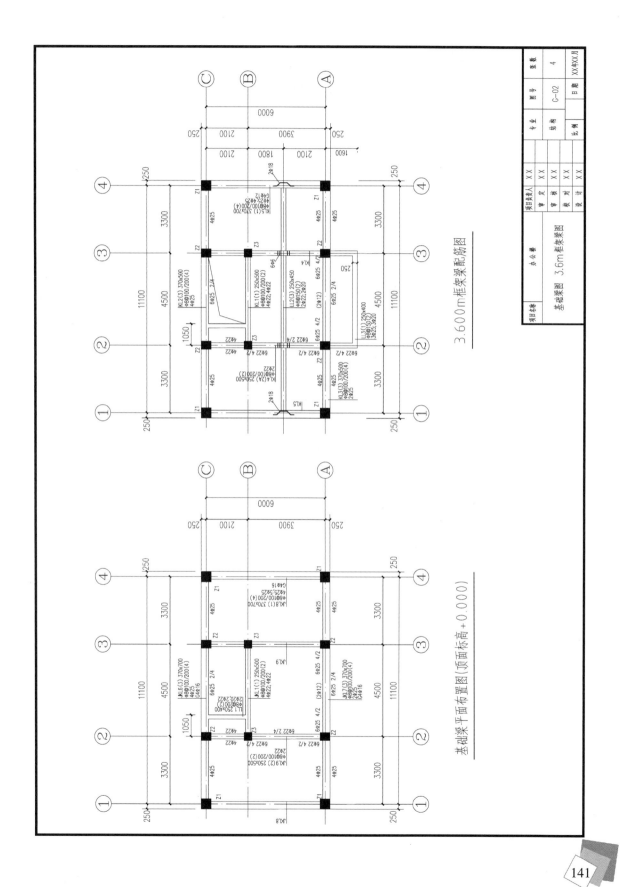

3.600m框架梁配筋图

基础梁平面布置图(顶面标高+0.000)

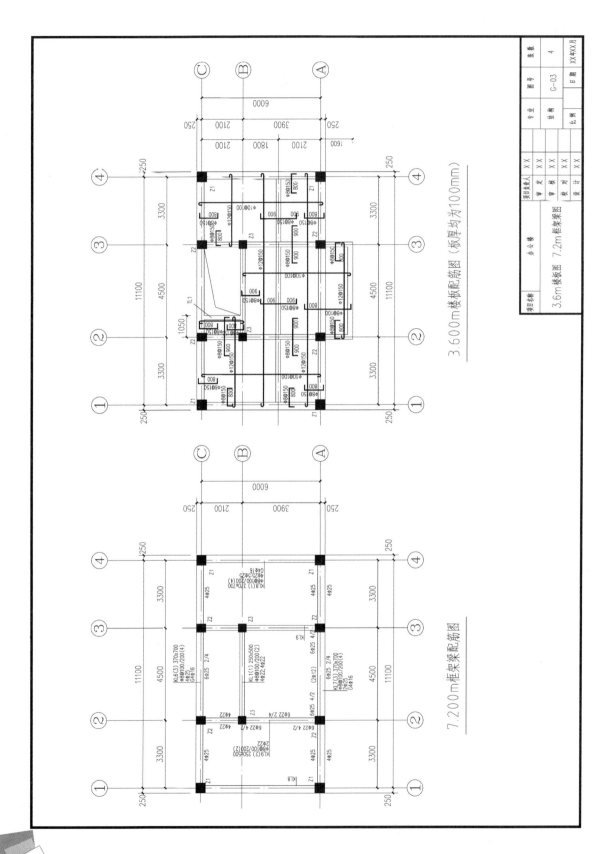

3.600m楼板配筋图（板厚均为100mm）

7.200m框架梁配筋图

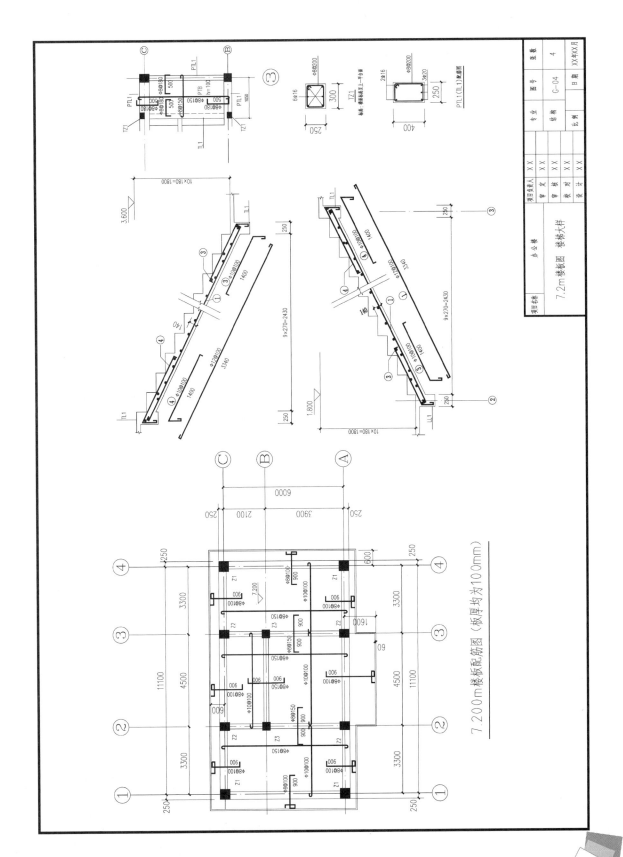

7.200m楼板配筋图（板厚均为100mm）

参考文献

[1] 广西壮族自治区建设工程造价管理总站.广西壮族自治区建筑装饰装修工程费用定额[S].北京:中国建材工业出版社,2013.

[2] 广西壮族自治区建设工程造价管理总站.广西壮族自治区建筑装饰装修工程人工材料配合比机械台班基期价[S].北京:中国建材工业出版社,2013.

[3] 广西壮族自治区建设工程造价管理总站.广西壮族自治区建筑装饰装修工程消耗量定额[S].北京:中国建材工业出版社,2013.

[4] 宋芳.建筑工程定额与预算[M].北京:机械工业出版社,2009.

[5] 中华人民共和国住房和城乡建设部,中华人民共和国国家质量监督检验检疫总局.GB 50854—2013:房屋建筑与装饰工程工程量计算规范[S].北京:中国计划出版社,2013.

[6] 中华人民共和国住房和城乡建设部,中华人民共和国国家质量监督检验检疫总局.GE 50500—2013:建设工程工程量清单计价规范[S].北京:中国计划出版社,2013.

[7] 简红,黄乌燕.建筑工程计量与计价工作页[M].厦门:厦门大学出版社,2009.

[8] 龚小兰.建筑工程计量与计价综合实训(学生工作页)[M].北京:北京大学出版社,2015.